Felicitas von Elverfeldt **Selbstcoaching für Manager**

Felicitas von Elverfeldt

Selbstcoaching für Manager

orell füssli Verlag AG

Umschlagabbildung: Martin Joppen, Frankfurt
Umschlaggestaltung: Andreas Zollinger, Zürich
Druck: fgb • freiburger graphische betriebe, Freiburg i. Brsg.
Printed in Germany

ISBN 3-280-05143-6

Bibliografische Information der Deutschen Bibliothek:
Die Deutsche Bibliothek verzeichnet diese Publikation in der Deutschen Nationalbibliografie; detaillierte bibliografische Daten sind im Internet über http://dnb.ddb.de abrufbar.

Dank

Mein ganz besonderer Dank gilt meinen Kunden, denen ich dieses Buch widme.

Ohne die Offenheit und das große Vertrauen, das sie mir entgegenbringen, wäre das vorliegende Buch nicht möglich gewesen. So fühle ich mich reich beschenkt vom Leben und meinem Beruf als Coach, den ich als Berufung empfinde. Einen Teil meiner Erfahrungen möchte ich mit den Leserinnen und Lesern teilen.

Bedanken möchte ich mich auch bei meinen Freunden, die mir jederzeit selbstlos zur Seite standen und mich mit Rat und Tat unterstützt haben. Dabei denke ich besonders an Dr. Günter Barudio, einen wahren Meister des Wortes, Annette Krohn, die mir zu mehr Klarheit in der Sprache verhalf, Gudrun Schaubach, die jederzeit für mich da war und Heidi Neumann, der ich sehr viel verdanke. Danken möchte ich auch Herrn Dr. Manfred Hiefner-Hug und Herrn Bernd Zocher vom Orell Füssli Verlag, ohne die dieses Buch nicht veröffentlicht worden wäre.

Inhalt

Vorwort

Ich bin anders und top – wozu Coaching?

Mit diesem Buch führe ich Sie in die Geheimnisse des Coachings ein, praxisnah und leicht verständlich.

Seit Coaching aufgekommen ist, gibt es zahlreiche Bücher zu diesem hochsensiblen Thema, das über Wohl und Wehe eines Unternehmens entscheiden kann. Betrachtet man das Management-Coaching, wird deutlich, dass es als professionelle Methode zur Steigerung von Effizienz und Erfolg unentbehrlich geworden ist, sich ständig ausweitet und dabei neue Erfahrungen einbringt: Kein DAX-30-Unternehmen verzichtet heute mehr auf Coaching. Denn Management-Coaching ist die professionelle Form individueller Beratung im beruflichen Kontext.

Es kann also gar nicht genügend Bücher zu diesem Thema geben, vor allem, wenn sie praxisbezogen angelegt sind und fundiert Erfahrungen aus Einzelfällen, gepaart mit Fachkompetenz, für das (Top-)Management nutzbar machen.

Ein praktisch vermitteltes und mit der Theorie verbundenes Coachen gibt nicht nur Ratschläge, stellt kluge Fragen und vermittelt durch Feedback eine andere Sichtweise. Es geht zusätzlich darum, dass der Coachee wieder zu dem wird, der er in Wirklichkeit ist – ein vernetztes individuelles Wesen mit hohem Eigenpotenzial. In einem erfolgreichen Coaching-Prozess geht es darum, den Manager druch kritische Hinterfragung der eigenen Praxis zur Reflexion und zur optimalen Nutzung seiner Potenziale zu befähigen. Dies führt zur nachhaltigen Steigerung von Erfolg. Selbstcoaching zielt in die gleiche Richtung.

Top-Manager sollten sich – ähnlich wie Profisportler – in einer optimalen mentalen Verfassung befinden, um die an sie gestellten Anforderungen effizient zu meistern. Im Top-Management-Coaching zeigt sich immer wieder, dass die eigene Einstellung sowie Entwicklung der individuellen Stärken Schlüsselfaktoren zum Erfolg sind.

Zu dieser Einsicht bin ich im Laufe einer mehr als zehnjährigen Coaching-Erfahrung gekommen, die ich als Wirtschaftspsychologin gesammelt habe. Coaching stellt sicher, dass der Kunde gerade bei neuen Herausforderungen eine treibende Kraft bleibt, aber gleichzeitig in sich selbst seinen ruhenden Pol findet.

Coachen hat etwas mit gezieltem Optimieren zu tun. Das ist ein permanenter Prozess der Annäherung, in dem es auch in diesem Buch aus der Praxis für die Praxis geht.

Für die optimale Nutzung des kostbaren Gutes Zeit lädt dieses Coaching-Buch zu einer Art Menü ein. Der Leser kann wie auf einer Speisekarte wählen, wonach ihm gerade der Sinn steht oder sich der Appetit einstellt. Auch der Mensch im Management ist, was er isst! In diesem Sinne wurden die Kapitel so angerichtet, dass jeder Leser auf seinen besonderen Geschmack kommen kann.

Individualität erwünscht? Was macht ein Adler auf dem Hühnerhof, wenn er dazugehören will?

Wie viel anders sein ist erlaubt und wie anders bin ich wirklich?

Christine K. sah erstaunt auf den Verteiler für das nächste Projekt-Meeting. Warum war sie nicht eingeladen worden, obwohl es doch um ihr Spezialthema ging? Hatte sie etwas falsch gemacht? War sie noch nicht gut genug? Oder mochte sie ihr Chef nicht mehr? Gerade neulich war er so gereizt gewesen … Oder hatte er sie einfach übersehen? Das konnte nicht sein, denn er vergaß eigentlich nie jemanden. Und außerdem war seine Sekretärin sehr gewissenhaft.

Warum wurde ausgerechnet sie ausgegrenzt? Was sollten ihre Kolleginnen und Kollegen jetzt über sie denken?

Christine K. fühlt sich ausgeschlossen und sucht nach Gründen. Sie geht davon aus, dass sie deshalb nicht eingeladen wurde, weil ihr Verhalten nicht den Erwartungen der anderen entsprach. Dieses andere Verhalten wird von den Kollegen/Vorgesetzten als falsch angesehen und mit Ausgrenzung sanktioniert.

Sie ist anders als die anderen, möchte aber dazugehören. Jedoch weiß sie nicht, worin sie sich konkret von den anderen unterscheidet. Zudem ist sie sich Ihrer Außenwirkung und Ihres Selbstwertes nicht bewusst.

Kennen Sie das Gefühl, etwas falsch gemacht zu haben und den Erwartungen nicht zu entsprechen? Aber gleichzeitig wissen Sie nicht so genau, weshalb dies so ist und worin der Veränderungsbedarf besteht. Deshalb verdoppeln Sie Ihre Anstrengungen – und entfernen sich dabei gleichzeitig immer weiter von sich selbst und Ihrem Ziel. In jedem von uns gibt es zwei sich widersprechende Bedürfnisse:

- das Bedürfnis, sich mit anderen zu vergleichen und sich von ihnen durch die eigene Besonderheit abzugrenzen, um so die eigene individuelle Art zu entdecken und auszudrücken, und
- das Bedürfnis, dazugehören zu wollen, das heißt in einer Gemeinschaft (Familie, Kollegen, Unternehmen, Freundeskreis, Kirche …) aufgehoben zu sein.

Diese entgegengesetzten Tendenzen zeigen sich auch im Verhalten vieler Manager: Auf der einen Seite legen sie Wert darauf, Kollege in einer Führungsriege oder festes Mitglied einer Seilschaft oder eines Netzwerks zu sein. Aber auf der anderen Seite kämpfen sie um Macht und versuchen, Kollegen auszustechen. Jeder braucht dabei individuell ein anderes Maß an Besonderheit beziehungsweise Zugehörigkeit.

Voraussetzungen für einen natürlichen Umgang mit diesem Spannungsfeld sind:

- eine realistische Selbsteinschätzung und
- ein adäquates Selbstmanagement.

Da jeder sich selbst sehr nahe steht und nicht wirklich objektiv sein kann, ist dies keine leichte Herausforderung.

Erkennen Sie sich selbst (Realistische Selbsteinschätzung)

Sich selbst vollständig zu (er)kennen ist eine Lebensaufgabe. Oscar Wilde hat dazu gesagt: «Ich bin die einzige Person auf der Welt, die ich gern von Grund auf kennen lernen möchte.» Wenn Sie sich besser kennen, können Sie viel gewinnen – sowohl beruflich als auch privat.

Dann fällt Ihnen auch die Beantwortung der Fragen deutlich leichter: Bin ich eher ein Adler oder ein Huhn oder wer bin ich sonst? Und wer sind die anderen in meinem Umfeld?

Christine K. hatte bis dato noch nicht erkannt, weshalb sie tatsächlich nicht zum Meeting eingeladen worden war: Sie war zu gut und stahl ihrem Chef leicht die Schau. Insofern entsprach sie eher einem Adler auf dem Hühnerhof. Die Hähne und Hühner auf dem Hühnerhof versuchten nach außen zu verbreiten, dass das Körnerpicken von Christine K. höchst unbefriedigend sei. Sie waren neidisch auf die Fähigkeit des Adlers, fliegen zu können. Daher versuchten sie, sie schlecht zu machen.

Christine K. konnte ihre Fertigkeiten jedoch nicht realistisch einschätzen und versuchte unter allen Umständen, dazuzugehören und es den anderen recht zu machen. Jedoch war sie inmitten dieses Hühnerhofs einfach nicht in einem für sie günstigen Kontext.

Nach dieser Erkenntnis hat sie nun mehrere Möglichkeiten: Entweder schafft sie sich ein passendes berufliches Umfeld in der «Adler»-Welt oder hält Ausschau nach Adlern im eigenen Unternehmen. Eine Alternative könnte auch sein, ihr Bedürfnis nach Zugehörigkeit ausschließlich im privaten Kontext zu befriedigen oder zu reduzieren. So könnte sie sich leichter mit der beruflichen Situation abfinden und wäre unabhängiger davon. Voraussetzung ist aber in jedem Falle, sich selbst gut zu (er)kennen. Doch wie können Sie sich und Ihre individuellen Stärken und Schwächen besser kennen lernen?

Folgende Fragen können Sie dabei unterstützen:

1. Was fällt Ihnen besonders leicht? Was machen Sie besonders gern? Erfahrungsgemäß entsprechen diese Dinge Ihren Stärken.
   Was fällt Ihnen besonders schwer? Welche Tätigkeiten schieben Sie am liebsten vor sich her oder delegieren sie sofort? So finden Sie Anhaltspunkte für Schwächen.
   Stärken und Schwächen sind jedoch relativ. Entscheidend ist das Maß einer Eigenschaft in einem bestimmten Kontext. So ist zum Beispiel ein zu großes Ausmaß von Offenheit («Klatschmaul») ungünstig, wenn man gewisse Ziele erreichen will. Ebenso wenig ist eine zu geringe Offenheit («verschlossen») sinnvoll.
   Auf diese Weise können Schwächen zu Stärken werden und vice versa.

2. Was sagen Ihre Familie, Ihre beste Freundin/Ihr bester Freund, Kollegen, Chefs oder Mitarbeiter über Sie? Es ist dabei beruhigend zu wissen, dass ein Feedback auch immer viel über den Feedbackgeber aussagt. Denn dieser bringt seine eigenen Bewertungskriterien ins Spiel. So stellte schon Descartes fest: «Was Peter über Paul sagt, sagt mehr aus über Peter als über Paul.» So ist die Meinung anderer über mich zwar wichtig, sollte aber relativiert werden.
3. Probieren Sie vorsichtig neue Verhaltensweisen aus, um zu testen, welche Talente noch in Ihnen schlummern. Das geht am besten über das konkrete Handeln.

Wie gehen Sie mit sich um? (Selbstmanagement)

Wenn Christine K. ein besseres Selbstmanagement beherrscht, ist sie unabhängiger von den Reaktionen ihres Umfeldes. Selbstmanagement bedeutet, wie man mit sich selbst umgeht. Dieses wird zum Beispiel in den permanenten Selbstgesprächen deutlich, die jeder mit sich führt, vergleichbar mit einem «Kino im Kopf».

Wie können Sie ein besseres Selbstmanagement erreichen?

1. Seien Sie selbst Ihr bester Chef. Führen Sie sich selbst so und gehen Sie so mit sich um, wie Sie es von einem «idealen» Chef erwarten würden. Die meisten sind ihre eigenen strengsten Kritiker und sparsam mit Anerkennung.
2. Gehen Sie verständnisvoll mit sich um. Wenn Ihnen ein «Fehler» unterlaufen ist, hacken Sie nicht auf sich herum. Denn das würde sich so auswirken, als wenn Sie zum Beispiel beim Golfspielen ständig dächten: «... der letzte Ball war total daneben. Ich bin wirklich richtig schlecht drauf. Der nächste wird sicher auch nicht besser ...» Sinnvoll wäre Folgendes: «... der letzte Ball war ungünstig. Ich kann das anders. Der nächste Ball wird besser ...»

3. Behandeln Sie sich selbst so, wie Sie es als Ihr eigener «idealer» Vater bzw. Ihre eigene «ideale» Mutter tun würden. Vermutlich werden Sie dann liebevoller und verständnisvoller mit sich umgehen.
4. Ohne Akzeptanz keine Veränderung. Der Schweizer Psychoanalytiker C. G. Jung meinte: «Wir können eine Sache nicht verändern, wenn wir sie nicht akzeptieren.»
   Wenn Sie ständig gegen sich und Ihre Eigenarten ankämpfen, verpulvern Sie zu viel Kraft durch den eigenen Widerstand. Stellen Sie sich vor, Ihre 4-jährige Tochter weint nachts, weil sie Angst vor Hexen hat. Wenn Sie sofort dagegen argumentieren, dass es keine Hexen gibt etc., wird es dem Kind vermutlich nicht besser gehen. Sinnvoll wäre es, die Angst zunächst ernst zu nehmen und zu akzeptieren, indem Sie das Kind in den Arm nehmen und Geborgenheit vermitteln.
5. Beobachtung statt Bewertung. Hören Sie auf, Ihr Verhalten ständig mit «richtig» und «falsch» beziehungsweise «gut» und «schlecht» zu bewerten. Beobachten Sie stattdessen, welche Konsequenzen Ihr Verhalten auslöst. Ist es das, was Sie möchten? Es gibt kein «falsches» Verhalten, wohl aber ein ungünstiges zur Erreichung eines Zieles.

Worin unterscheiden Sie sich von den anderen? Wie viel anders dürfen und wollen Sie sein? Wie wichtig ist Ihnen der Wunsch nach Zugehörigkeit? Die obigen Reflexionsfragen zur Selbsterkenntnis und zum Selbstmanagement können eine Unterstützung für Sie sein. Ferner ist eine Auseinandersetzung mit den beiden Polen:

- ich will dazugehören, und
- ich will besonders und möglichst besser sein, wichtig.

Zu welchem der beiden Pole tendieren Sie stärker? Lässt sich unter Umständen das eine Bedürfnis über das Privatleben kompensieren?

Oder können Sie einfach unabhängiger von der Meinung anderer werden?

Meine beruflichen Gespräche sowie meine persönlichen Erfahrungen bestätigen mir, dass es vor allem darauf ankommt, ganz man selbst zu sein. Leben Sie Ihre eigene Individualität und stehen offen dazu. Nur so können Sie die passenden Menschen und Kontexte anziehen.

Wer mit den Hühnern gackert,
der kann nicht mit den Adlern fliegen.

Feinschliff! So bringen Sie Ihren Diamanten zum Strahlen

Realistische Selbsteinschätzung gewinnen und überzeugende Außenwirkung erzielen

Hans P. hatte ein großes und für das Unternehmen sehr wichtiges Projekt mit globaler Verantwortung übernommen. Solch eine Herausforderung hatte er sich schon lange gewünscht und sich schließlich erfolgreich gegen alle Mitbewerber durchsetzen können. Er wusste, dass seine weitere Karriere vom Gelingen dieses Projektes abhing, hatte aber keinerlei Zweifel daran, dass auch das neue Projekt hervorragend laufen würde. Schließlich verfügte er über eine brillante Intelligenz, strategische Weitsicht, Kreativität sowie Führungskompetenz. Auf diese Fertigkeiten führte er seine bisherige steile Karriere in erster Linie zurück. Solange er selbst die Fäden in der Hand hatte, konnte alles nur ein Erfolg werden. Voller Tatendrang rief er sofort die Ansprechpartner in den verschiedenen Ländern an, um die ersten Hebel in Bewegung zu setzen.

Erstaunlicherweise reagierten diese sehr verhalten und fragten nur insistierend nach, ob er denn auch selbst die komplexe Organisation des Projektes übernehmen werde. Na, vor komplexen Aufgaben war er ja noch nie zurückgeschreckt. Und Organisation war zwar nicht seine Stärke, aber das konnte ja wohl nicht so schwer sein …

Drei Monate später musste Hans P. zähneknirschend zugeben, dass er sich bezüglich Organisationstalent wohl etwas überschätzt hatte und den ersten Meilenstein schon nicht erreichen konnte. Wenn Hans P. ehrlich war, brachen der organisatorische Wust und die unterschiedlichen juristischen Rahmenbedingungen der Länder über ihm zusammen.

«Gott, war das peinlich! Und dazu kamen noch die blöden Sprüche seiner Hauptkonkurrenten … Und es stand doch so viel auf dem Spiel …»

Manchmal ist der Spiegel, der uns von außen vorgehalten wird, unangenehm, wenn er nicht das Bild wiedergibt, das unserem Wunschbild entspricht. Ohne die Reaktion anderer auf uns ist es aber nicht möglich, eine annähernd realistische Selbsteinschätzung zu erlangen. Nur indem wir unser Denken und Handeln sowie unsere Außenwirkung mit anderen vergleichen, erhalten wir Hinweise darauf, in welchem Maß wir über- oder unterdurchschnittlich veranlagt sind.

Soziale Systeme, sei es im Unternehmen, sei es im privaten Umfeld, beziehen ihre Funktionstüchtigkeit unter anderem aus funktionierenden Rückkopplungsschleifen. Das hat Konsequenzen auf Sie selbst: Sie selbst sind auf Feedback von außen angewiesen. Wird das Feedback nicht mehr wahrgenommen, ersterben Selbstregulation, Lernen und Anpassung an die Umwelt.

Hans P. hatte sich vom «Rest des Systems» abgekoppelt. Er kam nicht auf die Idee, sein Vorhaben und Verhalten durch Rückmeldungen von außen einer Realitätsprüfung zu unterziehen, und verrannte sich.

Deshalb unterschätzte er auch die Wichtigkeit von Anforderungen, die ihm persönlich als unbedeutend erschienen, wie zum Beispiel Organisationstalent, und er überschätzte die alleinige Relevanz seiner Stärken für das Projekt.

Für eine realistische Selbsteinschätzung ist es wichtig, das eigene Stärken-Schwächen-Profil zu kennen. Kennt man dies, muss man sich selbstkritisch fragen, welche spezifischen Stärken und Schwächen in einem bestimmten Kontext zur Erreichung der Ziele notwendig sind. So braucht zum Beispiel ein erfolgreicher Verkäufer nicht nur Produktkenntnis und Zuverlässigkeit, sondern auch eine gute Menschenkenntnis und Kommunikationsfähigkeit, um individuelle Kundenwünsche zu erkennen und darauf einzugehen. Die Erfolgswahrscheinlichkeit im Beruf ist umso höher, je mehr Übereinstimmung zwischen dem spezifischen Anforderungsprofil für eine Funktion oder Aufgabe und Ihrem Persönlichkeitsprofil mit Ihren individuellen Kompetenzen und Fähigkeiten besteht.

Wie Sie Ihr Eigenbild und Fremdbild zum Strahlen bringen

1. Erstellen Sie eine Leistungsbilanz, in der Ihre bisherigen Erfolge und Misserfolge aufgelistet werden. Wählen Sie einen bestimmten Zeitabschnitt, zum Beispiel die letzten fünf Jahre, und fragen Sie sich: Was habe ich mir damals vorgenommen, was konnte ich erreichen, und wo habe ich meine Ziele verfehlt? Auch «ungeplante» bzw. «zufällige» Erfolge gehören dazu.
2. Was macht Ihnen Freude? Werden Sie sich darüber klar, was Ihnen bei der Arbeit Spaß macht und leicht fällt (Ihre Stärken) und welche Tätigkeiten Sie am liebsten gar nicht machen oder vor sich her schieben beziehungsweise verdrängen (Ihre Schwächen).
3. Erarbeiten Sie eine Stärken-Schwächen-Analyse: Gleichen Sie Ihre Stärken und Schwächen (siehe 2.) mit Ihrer Leistungsbilanz (siehe 1.) ab. Ergänzen Sie Ihr Stärken-Schwächen-Profil gegebenenfalls mit den Eigenschaften, die sich aus Ihrer Leistungsbilanz ergeben. Wenn Sie die Stärken und Schwächen nach einzelnen Aufgabenfeldern aus dem beruflichen Kontext ordnen, erhalten Sie ein systematisches Profil Ihrer Selbsteinschätzung.
4. Seien Sie tolerant gegenüber sich selbst: Gehen Sie ehrlich, aber verständnisvoll mit sich um. Sehen Sie Misserfolge und Fehler positiv, denn aus ihnen können Sie am meisten lernen. Von den negativen Gefühlen des Versagens in einer bestimmten Situation lösen Sie sich am besten, indem Sie sich selbst verzeihen. Misserfolge sind im Nachhinein nicht mehr zu ändern, aber Sie können es in der Zukunft besser machen, denn Sie sind absolut einzigartig mit Ihrem individuellen Profil. Falls Sie dann doch einmal in einem emotionalen Loch sitzen sollten, hören Sie auf, sich noch tiefer einzugraben.
5. Formulieren Sie realistische Ziele: Werden Sie sich klar, was Sie im Leben wirklich erreichen wollen und was Ihnen als besonders wichtig erscheint. Lösen Sie sich von sozial erwünschten Vorstellungen

und Idealbildern. Setzen Sie Prioritäten in Ihren Zielen und legen Sie einen realisierbaren Zeitrahmen mit Meilensteinen fest. Überprüfen Sie, ob Sie über die notwendigen Stärken, Fertigkeiten und Kompetenzen zur erfolgreichen Erreichung der Ziele verfügen: Wo besteht Verbesserungsbedarf?

6. Suchen Sie sich einen Sparringspartner: Wählen Sie dazu möglichst eine Person aus, die es gut mit Ihnen meint und kein kontraproduktives Eigeninteresse in Bezug auf Ihre Ziele hat. Dies kann eine Person Ihres Vertrauens sein oder – ein Coach. Reflektieren Sie gemeinsam, ob Ihre bisherige Bilanz realistisch ist.
7. Hören Sie auf Ihren Bauch: Achten Sie darauf, was Ihr eigenes Gefühl Ihnen sagt. Schenken Sie Ihren eigenen Bedürfnissen mehr Aufmerksamkeit. Nutzen Sie Ihren sechsten Sinn – Ihre Intuition: Er ist eine Potenzierung der fünf Sinne.

Wer authentisch und selbstbewusst ist, wirkt auch überzeugend nach außen.

«Selbstbewusst» bedeutet, sich seiner selbst bewusst zu sein. Das heißt, ich (er)kenne und akzeptiere meine individuellen Stärken und Schwächen.

Wenn ich meine Stärken und – was schwerer fällt – Schwächen akzeptiere, heißt das nicht, dass ich Letztere nicht verändern kann, wenn es mir wichtig ist. Jedoch sind die Voraussetzungen dazu Selbsterkenntnis und Selbstakzeptanz, da ich sonst permanent gegen mich selbst im Widerstand stehe, was unnötig viel Energie und Kraft kostet.

Wenn ich an meinen Schwächen arbeiten möchte, ist es sinnvoll zu prüfen, ob es tatsächlich originäre Wesensmerkmale von mir sind oder ob sie anerzogen beziehungsweise mit unnötiger Angst besetzt sind. So wäre es möglich, dass ich von Natur aus wenig Freude an organisatorischen Dingen habe und diese zwar lernen kann, aber nur unter großer Anstrengung zum Organisationsprofi aufsteigen werde. Natürlich kann ich als Rechtshänder erlernen, mit links zu schreiben, aber ich werde immer besser sein mit der rechten Hand. Es ist auch denkbar, dass für mich organisatorische Tätigkeiten einfach nur negativ besetzt sind und ich sie bisher deshalb weitgehend vermieden habe. Im zweiten Fall ist es durch eine Änderung der Einstellung und das bewusste Verhaltenstraining möglich, ein neues Verhalten zu erlernen und somit blockierende Altlasten loszulassen.

Somit bringen Sie Ihren eigenen Diamanten am besten dadurch zum Strahlen, indem Sie ganz Sie selbst sind.

«Das zu tun, was wir sind, und das zu werden, wozu wir in der Lage sind, das ist das größte Ziel unseres Lebens.»

(Robert Louis Stevenson)

Nobody is perfect! Gehen Sie auch erst auf die Skier, wenn Sie schon perfekt Ski laufen können?

Über den perfekten Umgang mit Perfektionismus

Marcus K. war mächtig stolz, dass die deutsche Firmenzentrale ihn zum Geschäftsführer der Niederlassung in Italien ernannt hatte. Bereits in drei Monaten sollte er die neue Herausforderung antreten. Bis dahin gab es noch viel zu tun: Er musste noch alle bisherigen Projekte sauber abschließen und eine Übergabe der bisherigen Aktivitäten vorbereiten, sich mit den neuen Zielen und Anforderungen sowie der italienischen Geschäftspolitik vertraut machen, Italienisch lernen, Wohnung beziehungsweise Haus suchen, den Umzug organisieren ...

Er arbeitete nahezu rund um die Uhr voller Engagement und formulierte bereits eine neue Geschäftsstrategie für Italien, studierte das Organigramm, analysierte das Produktportfolio, die Schlüsselkunden sowie die Marktentwicklung und legte sich die eigene Messlatte jeden Tag ein wenig höher.

Schließlich wollte er von Anfang an einen perfekten, professionellen sowie souveränen Eindruck hinterlassen. Keiner sollte ihm nachsagen, dass er sich nicht ausreichend vorbereitet hätte.

Der bisherige Geschäftsführer versuchte mehrfach, ihn zu einem persönlichen Gespräch möglichst vor Ort bezüglich einer Übergabe zu bewegen. Aber den hatte er Gott sei Dank bisher erfolgreich abgewimmelt, da er sich noch nicht genug vorbereitet für dieses Gespräch fühlte. Er wollte schließlich nicht den Eindruck eines Anfängers erwecken. Seine Sekretärin hatte strikte Anweisung, keine Telefonate durchzustellen und E-Mails weitgehend abzublocken, da er sich konzentriert vorbereitete.

Auch für seinen Nachfolger hatte er vorläufig keine Zeit und verlegte alle Termine mit seinem Chef auf die letzten Arbeitstage in Deutschland. Erst wollte er alles im Griff haben.

Zwei Wochen vor seinem Abflug erschien sein Chef plötzlich persönlich bei ihm im Büro und teilte ihm mit, dass die Firmenzentrale entschieden habe, jemand anderen zum Geschäftsführer Italien zu befördern, da er sich durch sein unkooperatives Verhalten disqualifiziert habe.

Marcus K. konnte es nicht fassen: Da hatte er doch nun alle nur menschenmöglichen Anstrengungen unternommen, um ein Meisterstück zu absolvieren, und nun wurde ihm der Boden unter den Füßen weggezogen …

Gehören Sie auch zu der Sorte Menschen, die am liebsten erst auf die Skier gehen, wenn Sie es schon perfekt können, und für die Fehler ein Tabu sind? Erwarten Sie dabei auch im Grunde Ihres Herzens von sich selbst, dass Sie beim ersten Skiversuch gleich souverän die schwarze Piste hinunterwedeln? Vergleichen Sie sich grundsätzlich nur mit den Profis im jeweiligen Fachgebiet, und haben Sie den Anspruch an sich, mindestens auf diesem Niveau zu sein?

Können Sie auch nur dann in den Spiegel schauen, wenn Sie alle Aufgaben mindestens 120-prozentig erfüllt haben und sowohl den eigenen als auch den vermuteten Erwartungen der anderen gerecht werden?

Sind Sie Ihr eigener strengster Kritiker?

Ein gewisses Maß an Perfektionismus ist sicher vorteilhaft und angemessen, um höchsten Anforderungen zu entsprechen. Eine Überdosis behindert aber eher die erfolgreiche Zielerreichung. Marcus K. übersteigerte die vermuteten Erwartungen an ihn und war nicht mehr offen für die Erfordernisse des spezifischen Kontextes. Durch sein Übermaß an Perfektionismus reagierte er mit Scheuklappen auf die Angebote der Umgebung statt sie zu nutzen. Er verfehlte dadurch trotz großer Anstrengungen sein Ziel.

Perfektionisten haben in der Regel Angst vor Fehlern und tun sich schwer damit, ihre Schattenseiten und Schwächen zu ertragen. Wir können jedoch weder unsere Schwächen noch unsere Schattenseiten ganz eliminieren. Aber wir können lernen, mit ihnen anders umzugehen.

Mancher Perfektionist tendiert zu der Aussage: «Wenn ich einen Fehler mache, bin ich nichts wert und werde von anderen weniger anerkannt oder respektiert.» Das Gegenteil ist der Fall: Perfektionisten werden selten als sympathisch wahrgenommen und erfreuen sich meist geringer Beliebtheit. Oder waren bei Ihnen früher in der Schule die Musterschüler am beliebtesten?

Wer sich ständig auf die Vermeidung von Fehlern konzentriert, dem passieren sie erst recht, wie die Lebenserfahrung zeigt. Wer immer alles kontrollieren möchte, dem gerät sein Leben außer Kontrolle.

Es ist menschlich, Fehler zu begehen. Und es zeugt von Größe, diese auch zugeben zu können. Sehen Sie Ihre Fehler als Lernchance. Aus Fehlern können wir am meisten lernen. Dazu müssen wir sie zunächst erkennen, akzeptieren und bereit sein, an den Ursachen zu arbeiten.

Sie werden nie herausfinden, ob Sie eine Begabung für das Ski fahren haben, wenn Sie nicht mutig auf die Skier gehen. Aus den Erzählungen der anderen und intensivem Literaturstudium werden Sie es nicht wirklich praktisch erlernen. Vermutlich werden Sie anfangs häufiger in den Schnee fallen. Dabei könnten Sie auch feststellen, dass dies gar nicht so schlimm ist, wie befürchtet. Es wäre auch ratsam, erst mit einer blauen (leichten) Piste zu beginnen und sich nicht selbst gleich zu überfordern. Ebenso sollten Sie sich einem Skilehrer anvertrauen und Unterstützung von anderen annehmen.

Für Marcus K. wurde die Ablehnung jeglicher Gespräche und Hinweise aus dem Umfeld zum Verhängnis.

Es ist gut, Ideale zu haben, an denen wir uns orientieren und weiterentwickeln, auch wenn wir diese Ideale nie erreichen. Diese Erfahrung fasste der dänische Philosoph Kierkegaard zusammen mit dem Satz: «Der, der ich bin, grüßt wehmütig den, der ich sein möchte.»

Wenn jedoch unser Ideal – unsere Vorstellung davon, wie wir

eigentlich sein möchten – und unsere Realität zu weit auseinander klaffen, setzen wir uns unter unnötigen Druck. Dieser wirkt sich negativ auf die Zielerreichung aus, wie das Beispiel von Marcus K. zeigt.

Der Druck, den wir uns selber machen, wird immer dann zu hoch, wenn es keine akzeptable Alternative zu einem bestimmten Ziel gibt.

Wenn ich mir ständig sage: «Ich *muss* unter allen Umständen in jeder Situation erfolgreich sein, sonst kann ich mir selbst nicht mehr in die Augen sehen», löst dies eine viel zu große Anspannung aus. Die Erwartungshaltung an sich selbst: «Ich *muss immer* pünktlich sein» ist ebenso ungünstig.

Natürlich ist es gut, Erfolg und Pünktlichkeit anzustreben und sein Bestes für deren Erreichung zu tun. Jedoch wirkt es sehr entlastend, auch die Möglichkeit eines anderen Ausgangs in Erwägung zu ziehen. Die Erreichung eines Ziels wie Erfolg oder Pünktlichkeit ist nicht immer von Ihnen allein beeinflussbar.

Marcus K. versucht unter allen Umständen, Fehler zu vermeiden. Da er zu sehr auf sein Ziel fixiert war, war er nicht mehr offen für wichtige Hinweise von außen. Durch den selbst produzierten Druck hatte er bildlich gesprochen Scheuklappen auf. Die Folge waren entscheidende Fehler. Zudem war er zu sehr fixiert auf sein Idealbild von sich, das mit der Realität nicht kongruent war. Er ging davon aus, dass besonders seine fachliche Kompetenz entscheidend für den Erfolg sei. Dabei vernachlässigte er die Beziehungen zu den wesentlichen Schlüsselpersonen und nutzte nicht die Erfahrungen des Vorgängers. Er unterließ es auch, seine Erwartungen mit denen des Vorgesetzten abzugleichen.

«Perfekter» Umgang mit Perfektionismus

1. Riskieren Sie gelegentlich kalkulierbare Fehler. Auch wenn Sie diese natürlich nicht anstreben, ändern Sie Ihre Einstellung dazu: Fehler sind menschlich und Lernchancen. Nur wenn Sie Fehler riskieren, können Sie Ihre Angst davor reduzieren und souverän damit umgehen – überlegt und überlegen zugleich.
2. Weniger Kontrolle und Druck: Sie haben nicht alles unter Ihrer Kontrolle. Daher machen Sie sich nur unglücklich, wenn es für Ihre Vorhaben immer nur einen akzeptablen Weg beziehungsweise ein Ergebnis gibt. Bleiben Sie offen für die Realität und die Vorschläge beziehungsweise Angebote anderer.
3. Gut ist gut genug: Reduzieren Sie Ihre Erwartungen auf ein realistisches Maß. Natürlich geht es immer noch ein wenig besser... Aber so können Sie eine Aufgabe nie befriedigend abschließen und den eigenen Erfolg genießen. Manchmal ist das Bessere der Feind des Guten.
4. Gehen Sie «perfekt» mit sich um: Geben Sie sich selber Anerkennung und loben Sie sich. Kritisieren Sie sich selbst auf konstruktive Art und Weise. Verzeihen Sie sich Ihre Fehler und Schwächen. Seien Sie so verständnisvoll und tolerant mit sich, wie Sie es sich auch von anderen wünschen. Es braucht eine angemessene Mischung aus förderndem und forderndem Verhalten, um zu wachsen. Lassen Sie den fördernden Anteil nicht zu kurz kommen.
5. Leben Sie im Hier und Jetzt: Sie können sich nicht für alle Eventualitäten perfekt vorbereiten. Wenn Sie schwerpunktmäßig in der Zukunft leben, um diese perfekt zu planen, verpassen Sie wesentliche Chancen, die der Augenblick bietet. Treffen Sie Ihre Entscheidungen erst dann, wenn sie wirklich anstehen. Das spart Kraft und Zeit. Die meisten Sorgen und Gedanken macht man sich leicht um die Probleme, die nie eintreffen.
6. Konzentrieren Sie sich auf Ihre Stärken: Anstatt ständig Schwächen zu optimieren, pflegen Sie lieber Ihre Stärken und lassen diese

wachsen und zum Zuge kommen. Verkaufen Sie sich so wie ein Profi-Verkäufer: Betonen Sie Ihre Stärken.

Gehen Sie mutig auch dann auf die Skier, wenn Sie es noch nicht perfekt können. Aber wählen Sie die angemessene Schwierigkeitsstufe und lassen Sie Hinweise und Unterstützung zu.

«Unsere Mängel sind unsere besten Lehrer; aber gegen die besten Lehrer ist man immer undankbar.»

(Friedrich Nietzsche)

Selbstwert als Wert – Wie Sie die Trauben auf die optimale Höhe hängen

So stärken Sie Ihr Selbstwertgefühl und Selbstvertrauen!

Gabriele M. war erst seit kurzem Marketingleiterin eines internationalern Konzerns. Sie fühlte sich zwar ein wenig stolz, dass man sie ausgewählt hatte, dachte aber: «... Ob ich den hohen Anforderungen tatsächlich gewachsen bin? Eigentlich bin ich wohl nur eine Hochstaplerin ...»

Gleich zu Beginn hatte sie dennoch eine glänzende Idee, mit welcher Strategie man das Geschäft deutlich lukrativer machen könnte. Sie wollte diese zu Papier bringen, um sie der Geschäftsführung zu präsentieren. Dann flüsterte jedoch eine innere Stimme: «Wer bist du denn, dass du als Neuling glaubst, gute Ideen zu haben? Spiel dich nicht so auf. Du wirst dich nur lächerlich machen und den Respekt aller verlieren.»

Sofort liefen in ihrem «Kopfkino» melodramatische Filme über alle bisherigen Misserfolge in ihrem Leben ab. Sie wurde immer unsicherer und erinnerte sich an den Leitspruch ihres Vaters, der lange beim Militär war: «Deckung geht vor Sicht.»

Sie beschloss, lieber abzuwarten und sich nicht aus dem Fenster zu lehnen. Am Ende der Probezeit wurde sie entlassen, weil sie angeblich zu wenig führungsstark und visionär für diese Position sei. Zudem hätte man von ihr mehr Eigeninitiative und das Aufzeigen einer Marketingstrategie erwartet. Dies wiederum erhöhte ihre eigenen Unsicherheiten, und der Teufelskreis ging weiter ...

Gabriele M. hat deutlich zu wenig Selbstwertgefühl und Selbstvertrauen und steht sich damit selbst im Weg.

Selbstwertgefühl lässt sich beschreiben als das Wissen um die eigene Identität und die Anerkennung des eigenen Wertes. Das Selbstwertgefühl entsteht durch Erfahrungen mit der Umwelt, wobei die Grundsteinlegung dafür in der Kindheit und Jugend erfolgt. Ein hohes Selbstwertgefühl zeigt sich an dem Vertrauen auf das Gefühl, es wert zu sein, es zu verdienen und einen Anspruch darauf zu haben, unsere Bedürfnisse und Wünsche geltend zu machen, den

Herausforderungen gewachsen zu sein und die Früchte unserer Bemühungen zu genießen. Ein gesundes Maß an Selbstvertrauen führt zu einer realistischen Einschätzung von sich und anderen.

Selbstvertrauen ist hingegen das Vertrauen in unseren Intellekt, in unsere Intuition und in unsere Fähigkeit, mit den grundlegenden Herausforderungen des Lebens fertig zu werden.

Ein zu geringes Selbstwertgefühl ist daran erkennbar, dass eine Person sich selbst nach außen entweder häufig über- oder unterschätzt. So wird sie sich selbst nach außen hin entweder immer wieder in den Vordergrund drängen und Erfolge überzogen darstellen oder aber extrem im Hintergrund bleiben und Erfolge herunterspielen. In den eigenen Selbstgesprächen jedoch werden beide Ausprägungen die eigenen Erfolge nicht annehmen können. Sie machen sich klein oder können von Anerkennung nie genug bekommen. Der äußere Erfolg macht innerlich nicht satt.

Ein geringes Selbstwertgefühl führt zu einem unrealistischen Selbst- und Fremdbild. Je gesünder unser Selbstwertgefühl ist, desto geneigter sind wir, andere mit Respekt, Wohlwollen, gutem Willen und Fairness zu behandeln. Wir empfinden sie nicht als Bedrohung, da Selbstachtung die Grundlage für die Achtung anderer ist.

Gabriele M. unterschätzte sich selbst und ihre Leistung. Sie hat Angst vor der eigenen Stärke und Selbstverantwortung und meint, Glück und Erfolg hätte sie nicht verdient. So eine Einstellung sich selbst gegenüber wird oft zur sich selbst erfüllenden Prophezeiung.

Das Selbstwertgefühl – ob hoch oder gering – ist ein Generator sich selbst erfüllender Prophezeiungen.

In Unternehmen gibt es besonders in den oberen Führungsetagen viele Personen, die sich auf Basis eines niedrigen Selbstwertgefühls in Kombination mit einer hohen Leistungsmotivation selbst überschätzen. Diese Menschen können nie genug von ihrem Erfolg bekommen und unternehmen ohne Pausen immense Anstrengungen dafür, ohne jemals anzukommen: Sie gleichen einem Hamster im Rad. Nie ist es genug und nie sind sie zufrieden. Es besteht die Gefahr, dass sie sich selbst und andere permanent überfordern. Auch dieser Typus hat in Wahrheit ein geringes Selbstwertgefühl und setzt alles daran, das vor sich und anderen zu verbergen.

Menschen mit gesundem Selbstwertgefühl können hart arbeiten, aber ihre Erfolge zugleich wirklich bewusst genießen. Sie gehen wertschätzend mit sich und anderen um und haben es auf Grund ihrer inneren Unabhängigkeit nicht nötig, andere klein zu machen, um vielleicht selbst größer zu erscheinen. Selbstwertgefühl und Selbstvertrauen hängen eng zusammen: Wenn ich lerne, meine Erfolge anzunehmen, dann vertraue ich auch zukünftig mehr auf mich und meine Fähigkeiten und vice versa.

Die Basis für ein gesundes Selbstwertgefühl und Selbstvertrauen wird bereits in der Kindheit gelegt. Jedoch lassen sich Selbstvertrauen und Selbstwertgefühl auch in späteren Jahren noch weiter verstärken. Dieser Prozess erfordert jedoch Zeit.

So stärken Sie Ihr Selbstvertrauen und Selbstwertgefühl

1. Leben Sie bewusst: Bewusst leben heißt, sich seiner Handlungen, Absichten, Werte und Ziele unter Berücksichtigung der eigenen Fähigkeiten bewusst zu sein. Es bedeutet auch, die Tatsachen der Realität zu respektieren und der Realität verantwortlich Rechnung zu tragen. Dazu gehören die Tatsachen unserer inneren Welt (Bedürfnisse, Wünsche, Emotionen) wie auch der äußeren Welt.
2. Nehmen Sie sich selbst an, wie Sie sind: Während das Selbstwertgefühl etwas ist, was wir erfahren, ist die Selbstannahme etwas, was wir tun. Selbstannahme bedeutet, ja zu sich selbst zu sagen, bereit zu sein, alle Wesensanteile von sich zu erfahren, und sich selbst gegenüber Mitgefühl aufzubringen wie ein guter Freund.
3. Verhalten Sie sich eigenverantwortlich: Übernehmen Sie die volle Verantwortung für Ihr Handeln und Denken, Ihre Entscheidungen,

die Erfüllung Ihrer Wünsche, Ihr persönliches Glück sowie die Erhöhung Ihres Selbstwertgefühls.

4. Behaupten Sie sich selbstsicher: Selbstbehauptung heißt, die eigenen Wünsche, Bedürfnisse und Werte zu erkennen und sie nach außen zum Ausdruck zu bringen. Um angemessen Selbstbehauptung zu leben, ist die Beachtung des jeweiligen Rahmens und Kontextes eine wichtige Voraussetzung.
5. Verfolgen Sie Ihre Ziele: Zielgerichtet leben heißt, unsere Fähigkeiten zu nutzen, um die Ziele zu erreichen, die wir gewählt haben. Dies setzt die Formulierung der eigenen Ziele voraus sowie ein aktives Verhalten zur Zielerreichung.
6. Seien Sie integer: Integrität ist die Übereinstimmung von Überzeugungen, Wertvorstellungen, Einstellungen, verbaler Äußerung und Verhalten. Dies vermittelt Vertrauen.
7. Lieben Sie sich selbst: Die Selbstliebe ist die treibende Kraft für eine Stärkung des Selbstwertgefühls. Nur wer sich selbst liebt, respektiert und schätzt, kann dies auch anderen vermitteln.

Je realistischer unser Selbstbild ist und je gesünder unser Selbstwertgefühl und Selbstvertrauen ist, als desto befriedigender empfinden wir unser Leben. So lernen wir, die Trauben auf die für uns richtige Höhe zu hängen.

> *«Zwei Dinge verleihen der Seele am meisten Kraft: Vertrauen auf die Wahrheit und Vertrauen auf sich selbst.»*
>
> *(Seneca)*

Nein-Sager:
Dürfen Sie nein sagen?

Für ein besseres Zeit- und Selbstmanagement

Es war bereits 23 Uhr am Donnerstag Abend, als Nicole D. erschöpft, aber zufrieden den PC im Büro ausschaltete. Befriedigt stellte sie fest, dass für das morgige Zielerreichungsgespräch mit ihrem Chef fast alle Ziele erfüllt waren. Und das, obwohl sie bereits die meisten Projekte im Kreis ihrer Kollegen übernommen hatte. Aber es hatte sie auch an die Grenzen ihrer Kräfte gebracht, und ihr Mann fragte schon, ob sie eigentlich mit ihrem Beruf verheiratet sei ... Und zudem war ihr Vater schwer krank, und ihre Eltern brauchten sie jetzt, und auch ihren Freunden wollte sie nicht immer wieder absagen. Wenn sie morgen zwei von den elf Projekten abgeben könnte, wäre es wieder zu managen.

Als sie Freitag Abend um 22 Uhr endlich auf dem Weg nach Hause im Auto saß und ihren Tag reflektierte, verstand sie die Welt nicht mehr: Erst hatte ihr Chef ihr Gespräch viermal nach hinten verschoben. Als sie ihm sagte, dass sie aber um 20 Uhr mit ihrem Mann zum Theater verabredet sei, fand er immer wieder Argumente, um seinen Willen durchzusetzen. Dann hatte er ihr nicht zwei Projekte abgenommen, sondern auch noch zwei neue (!) dazugegeben ...

Das war schier unmöglich zu bewältigen, selbst wenn sie Tag und Nacht arbeiten würde. Und dann hatte sie blöde Kuh sich auch noch breitschlagen lassen, ihre Assistentin für einen Monat an den Kollegen auszuleihen, da dieser so dringend Unterstützung brauchte. Und bei dessen einnehmendem Wesen und Raffinesse konnte sie davon ausgehen, dass es nicht bei einem Monat bleiben würde. Sie wusste gar nicht, wie sie das ihrem Mann beibringen sollte, wo sie ihm doch versprochen hatte, ab heute früher nach Hause zu kommen ...

Die Krönung war, dass ihr Chef ihr beim persönlichen Feedback auch noch gesagt hatte, sie solle mehr delegieren und wäre zu weich, und er verglich sie doch tatsächlich mit «einem wandelnden Karamellpudding»! War sie eigentlich der Depp vom Dienst, der es verdient, von allen ausgenutzt zu werden? Wie hatte sie selbst es nur so weit kommen lassen können?

Fällt es Ihnen auch so schwer, zu anderen nein zu sagen? Springen Sie auch automatisch auf, wenn jemand Hilfe braucht? Oder fühlen Sie sich manchmal einseitig als Kummerkasten für die Probleme der anderen? Ist die Reaktion zu helfen beziehungsweise Unterstützung zu geben nahezu auf Knopfdruck in Ihnen angelegt?

Oder wollen Sie es einfach nur stets den anderen recht machen? Ist Ihnen die Anerkennung der anderen und ein harmonisches Umfeld letzten Endes wichtiger als ihre eigenen Ziele?

Es gibt viele Menschen, die es gewohnt sind, ihre eigenen Bedürfnisse hintanzustellen und sich immer erst um die der anderen zu kümmern. Sie würden es als egoistisch empfinden, sich um sich selbst zu kümmern. Bei vielen ist dieses Verhaltensmuster bereits seit vielen Jahren antrainiert. Jedoch leiden diese Menschen darunter, dass ihnen das permanente Geben nicht ausreichend gedankt wird. Und wenn Sie selbst einmal Unterstützung benötigen, hat meist keiner Zeit.

Das führt langfristig häufig entweder zu einer tiefen Traurigkeit, die einer ungestillten Sehnsucht nach Anerkennung oder Zuwendung entspringt, oder zu seltenen heftigen und ganz unerwarteten Ausbrüchen von Trotz oder Wut. Um dies zu vermeiden, wäre es wichtig, rechtzeitig nein zu sagen und sich ehrlich zu prüfen, in welchen Fällen man ja sagt, aber nein meint.

Je mehr Sie ständig zu anderen ja sagen, desto mehr sagen Sie nein zu sich selbst und den eigenen Bedürfnissen. Natürlich fällt es schwer, plötzlich nein zu jemandem zu sagen, wenn man seit Jahren eine andere Reaktion praktiziert hat. Aber vielleicht werden Sie feststellen, dass Sie durch ein Nein nicht die Anerkennung der anderen verlieren, sondern im Gegenteil in der Achtung der anderen steigen.

Ich bin ein sehr zuverlässiger Mensch und halte Verabredungen und Vereinbarungen unter allen Umständen ein. Ich habe aber eine Freundin, die eine andere Haltung zu diesen Themen hat und mir immer wieder unsere Verabredungen absagt oder verlegt. Und dies aus Gründen wie: «Mir ist heute nicht danach ... Ich fühle mich nicht so gut ... Heute wäre ich lieber allein ...» Lange Zeit habe ich immer verständnisvoll nach außen reagiert, auch wenn ich mir nicht vorstellen konnte, selbst ähnlich zu reagieren.

Eines Abends war auch mir tatsächlich gar nicht nach Gesellschaft zumute. Den ganzen Tag über schlich ich ums Telefon herum und überlegte mir, ob es nicht einen akzeptablen Grund für eine Absage gäbe beziehungsweise für eine Verlegung unserer Verabredung.

Schließlich fasste ich mir ein Herz, nahm meinen ganzen Mut zusammen und rief an, um abzusagen, und stammelte tatsächlich eine ehrliche Version als Begründung durch das Telefon. Als alles raus war, wartete ich gespannt auf die Reaktion ... Ich rechnete mit Ärger, Enttäuschung, Vorwürfen ... Aber meine Freundin reagierte erstaunlicherweise ganz anders: «Ich freue mich, dass *du* dich traust, das so zu sagen! Das ist für mich der größte Freundschaftsbeweis. Endlich zeigst du dich mir gegenüber so, wie du bist, und vertraust mir deine wahren Empfindungen an. Darauf habe ich schon lange gewartet ...» Etwas verdutzt hängte ich wieder ein und nahm mir vor, von nun an häufiger ehrlich zu kommunizieren, zumindest mit vertrauten und nahe stehenden Menschen.

Wie Sie lernen, nach außen nein und zu sich selbst ja zu sagen:

1. Spüren Sie nach, ob Ihr Ja bei Anfragen wirklich Ihrem eigenen Bedürfnis entspricht. Falls Ihnen das schwer fällt, achten Sie auf Ihren ersten Impuls (ablehnendes «mh» oder eher «oh ja») und vertagen Sie Ihre Entscheidung lieber etwas, bis Sie sich sicher sind.
2. Übernehmen Sie die volle Verantwortung für sich selbst und die Erfüllung Ihrer Bedürfnisse. Wenn Sie ständig die Verantwortung für das Wohl der anderen übernehmen, machen Sie diese in Wahrheit klein: Sie trauen ihnen nicht zu, ihr Wohlergehen in die eigenen

Hände zu nehmen, auch wenn sie es eigentlich könnten. Prüfen Sie zunächst, ob der andere sein Problem auch allein lösen könnte oder Sie tatsächlich braucht. Und auch dann ist es immer noch Ihre Entscheidung, ob Sie ja sagen möchten.

3. Wenn es Ihnen zu schwer fällt, für die eigenen Bedürfnisse zu sorgen und nein zu sagen, stellen Sie sich vor, Sie würden das für Ihre eigene kleine Tochter oder Ihren Sohn tun. Das eigene Kind würden Sie sicher vor zu vielen Anforderungen bewahren wollen. Oder seien Sie Ihre eigene beste «Idealchefin» beziehungsweise Ihr eigener bester «Idealchef».
4. Wenn Sie selbst für Ihre Bedürfnisse sorgen, sind Sie zufriedener und damit weniger von außen verführbar. Denn ein zufriedener Mensch handelt autonom und aus einer inneren Freiheit und Unabhängigkeit heraus. Einen zufriedenen Menschen kann man nicht verführen oder manipulieren.
5. Lernen Sie, «elegant» nein zu sagen. Wenn Sie beispielsweise eine dringende Präsentation erstellen und Ihre Kollegin oder Ihr Kollege Ihnen unbedingt sofort etwas erzählen will, antworten Sie: «Ich würde dir gerne mit voller Aufmerksamkeit zuhören. Das kann ich im Moment nicht, da mich diese Präsentation beschäftigt. Wollen wir zusammen zu Mittag essen, und du erzählst es mir dann?» Wahrscheinlich werden sich auf diese Weise beide besser fühlen.
6. Seien Sie nicht zu streng mit sich, wenn es anfangs noch nicht immer gelingt. Sie haben keine Feinde, nur Freunde und Coaches, die Ihnen Lernchancen bieten. Erwarten Sie nicht gleich von sich selbst eine Kehrtwende.

Wer, wenn nicht Sie selbst, sollte Ihnen am besten die Frage beantworten können, ob Sie nein sagen *dürfen*?

Sagen Sie ja zu sich selbst und Ihren Bedürfnissen.

Der lange Atem – Ziehen Sie auch gerne an den Blumen, damit sie schneller wachsen?

Geduld schnell gelernt

Michael S. überschlug sich fast vor Ideen, um den unter seiner Verantwortung stehenden Bereich des Investment-Bankings weiter nach vorne zu bringen. Vor vier Wochen hatte er dazu eine Abteilung mit neun ihm direkt unterstellten Mitarbeitern zuzüglich Backoffice und globaler Verantwortung übernommen. Dafür war er sogar von seinem geliebten London wieder nach Frankfurt gezogen. Die Aussicht auf Führungsverantwortung in einem derart anspruchsvollen Kontext hatte ihn mächtig gereizt.

Bereits im Vorfeld hatte Michael S. eine präzise Strategie entwickelt, wie er den Bereich möglichst rasch ganz nach oben bringen wollte. Es war ihm vertraut, in der Profiliga zu spielen, und er hatte die Bereitschaft, sein Privatleben der Karriere unterzuordnen.

Seinem Team hatte Michael S. bereits am ersten Tag seine Strategie präsentiert und ehrgeizige Ziele vorgegeben. Deren zaghafte Einwände kommentierte er mit Statements wie: «Man wächst mit seinen Anforderungen.»

Als einzelne Mitarbeiter um Gespräche und seine Unterstützung bei der Erreichung der Ziele baten, reagierte er mit Hinweisen auf «Empowerment und Eigenverantwortung». Für Problemgespräche blieb ihm keine Zeit, schließlich war er in seinem Business stark gefordert. Seine Mitarbeiter sollten doch froh und dankbar sein, dass er aus ihnen ein Top-Team machen wollte und sie zu Höchstleistungen anspornte.

Umso überraschter reagierte Michael S., als er nach weiteren vier Wochen von zwei Mitarbeitern Krankmeldungen und von zwei weiteren ein Kündigungsschreiben auf dem Schreibtisch vorfand. Was war nur geschehen?

Michael S. hatte versucht, binnen weniger Wochen aus einer Amateurmannschaft ein Top-Team zu formen, ohne auf die individuellen Zielvorstellungen und vorhandenen Potenziale einzugehen. Er war ein ungeduldiger Gärtner: Er wollte das Wachstum möglichst beschleunigen.

Beim gewaltsamen Ziehen an den Blumen hatte er jedoch die Pflanzen komplett aus dem Boden gerissen und sie damit teilweise zerstört. Sinnvoll wäre es gewesen, wenn er sich zunächst mit den einzelnen Pflänzchen beschäftigt hätte, um herauszufinden, wer welche Pflege in Form von Dünger und Wasser in welchen Abständen braucht und wie die individuellen Wachstumspotenziale angelegt sind. Michael S. hatte seine eigenen Erwartungen und Ansprüche dem Team gleichsam «übergestülpt» anstatt sich individuell mit den vorhandenen Fertigkeiten und Zielvorstellungen auseinanderzusetzen. Seine eigene Ungeduld stand ihm im Wege.

Doch worin liegen die Ursachen von Ungeduld? Die Gründe können sein:

- Defizite im Selbstwertgefühl,
- Überbewerten der eigenen Normen und
- übersteigerte Leistungserwartung.

Defizite im Selbstwertgefühl

Wenn das Selbstwertgefühl nicht ausreichend entwickelt ist, treten kontinuierlich Minderwertigkeitsgefühle auf. Diese Minderwertigkeitsgefühle werden über ein unersättliches Bedürfnis nach Anerkennung von außen kompensiert. Menschen mit geringem Selbstwertgefühl kommunizieren in der Regel ungeduldig, weil sie befürchten, von ihrem Gesprächspartner nicht genügend gewürdigt zu werden. Sie können den Zeitpunkt nicht erwarten, der ihnen die Gelegenheit bietet, sich darzustellen. So sehen sie vor allem sich selbst und ihr Anliegen im Mittelpunkt des Interagierens. Diese Dominanz wird von anderen meist negativ erlebt. Denn sie bedeutet in der Regel ein Negieren der Gesprächsanliegen anderer.

Überbewerten der eigenen Normen

Ungeduldige Menschen verfügen meist über ein strenges Korsett von übernommenen oder erdachten Normen wie zum Beispiel Ordnungsliebe, Perfektionismus und so weiter.

Diese Menschen gehen davon aus, dass sich ihr komplettes Umfeld ebenso starr an die eigenen Normen beziehungsweise Maßstäbe für Verhalten zu halten habe, und projizieren so die Erwartungen an sich selber auf andere. Andere Menschen haben jedoch vielleicht unterschiedliche Normen oder aber legen nicht so viel Wert auf die Einhaltung. Auf Letzteres reagieren ungeduldige Menschen relativ gnadenlos, weil sie die laxe Einhaltung von Normen als Schwäche interpretieren, die mit einem Prestigeverlust einhergehen kann. Selbst wenn ein anderer Mensch bereit sein sollte, die Normen zum Beispiel des Vorgesetzten zu übernehmen, so ist Entwicklung und Veränderung immer ein Prozess, der Zeit benötigt. Ungeduldigen Menschen fällt es allerdings sehr schwer, diesen Veränderungsprozess abzuwarten.

Übersteigerte Leistungserwartung

Privat wie beruflich erwarten Menschen von sich selbst und von anderen bestimmte Leistungen. Dagegen ist prinzipiell nichts einzuwenden. Wenn jedoch die positive Selbstwahrnehmung eines Menschen primär über seine Leistungsfähigkeit erfolgt, dann reagiert er sich selbst gegenüber äußerst unzufrieden, sobald er diesem Anspruch nicht mehr gerecht wird. Ähnlich wird er auf seine Mitmenschen reagieren. So reagiert mancher Vorgesetzte gnadenlos ungeduldig, wenn eine Aufgabe seiner Meinung nach nicht rasch genug erledigt wird. Die Ungeduld entsteht also hier aus einer Diskrepanz zwischen dem in Bezug auf eine Leistung Erwarteten und dem tatsächlich Geleisteten. Ein ungeduldiger Mensch hat häufig zu hohe Erwartungen an seine Umgebung und sich selbst. Dadurch ist die Gefahr der Enttäuschung relativ groß.

Wie lässt sich Geduld lernen?

1. Wichtig ist zunächst, dass Sie das, was geschieht, so akzeptieren (dulden), wie es ist. Der Geduldige akzeptiert zum Beispiel die langsame Ausdrucksweise eines anderen und ist in der Lage zuzuhören. Er kann mit dieser Grundhaltung auch mühelos und sorgfältig Routinetätigkeiten durchführen und gelassen bleiben. So kann er auch anderen mit dem nötigen Respekt begegnen. Geduld ist eine Grundhaltung und wird gefördert durch den Aufbau des eigenen Selbstwertgefühls. Ein geduldiger Mensch ist innerlich satt und hat keine großen Erwartungen an die Umwelt.
   Ein ungeduldiger Mensch wirkt immer getrieben und eher fremdbestimmt, da er weniger in sich ruht. Beobachten Sie die Natur und das natürliche Wachstum von Pflanzen – dadurch kommen Sie zur Ruhe. Auch das Wachstum von Pflanzen lässt sich nicht beliebig beschleunigen. Sie wissen selbst, dass das Ziehen an den Pflanzen diese nur zerstört. Alles ist gut so angelegt, wie es ist.
2. Machen Sie sich die eigenen Normen bewusst und prüfen Sie, ob Ihre Normen in den spezifischen Kontext passen und realistisch sind. Seien Sie tolerant mit sich und mit anderen.
3. Was versprechen Sie sich tatsächlich von Ihren hohen Leistungserwartungen? Macht Sie Ihr Leistungsstreben tatsächlich zufrieden oder glücklich? Was wünschen Sie sich eigentlich wirklich, und wie können Sie dies bekommen beziehungsweise sich selber geben?
4. Wie viel Ungeduld bringt Sie weiter, und wann stehen Sie sich mit Ihrer Ungeduld selber im Weg? Woran merken Sie, wenn Ihre Ungeduld kritisch wird? Es geht hier um das rechte Maß. In welchen Fällen ist die Ungeduld für Sie nützlich, und ab wann wird sie schädlich oder hinderlich zur Erreichung Ihrer Ziele?

5. Geduld hat viel mit Vertrauen und loslassen zu tun. Vertrauen zu haben zum Beispiel in das Schicksal, andere Menschen, Gott oder uns selbst führt zu Geduld. Wenn Sie vertrauen, brauchen Sie weniger Kontrolle. Fangen Sie dabei in kleinen Schritten an, Kontrolle abzugeben.

Ungeduld ist ein Thema, das fast jeden ehrgeizigen Menschen tangiert. Auch ich kenne die Ungeduld. Wenn immer ich mich ungeduldig fühle, frage ich mich: Ist es das wert? Was will ich wirklich und wozu? Ziehe ich gerade einmal wieder an den Blumen …?

Dann atme ich ganz bewusst mehrfach tief in den Bauch und frage mich, was ich aus der Situation zu lernen habe oder was das Lustige daran sein könnte. Manchmal erinnere ich mich auch an das Sprichwort: «Wenn Du nicht gegen die Wellen ankämpfen kannst, lerne auf ihnen zu surfen», und füge hinzu: «… und habe Spaß dabei.»

Damit ich lerne, geduldig zu sein, ist für mich die Beobachtung der Natur besonders heilsam. Jede Pflanze hat ihren eigenen Rhythmus und benötigt einen anderen Dünger und hat individuelle Zeitpunkte der Blüte beziehungsweise Reife. Und auch wenn der Apfelbaum sich noch so sehr anstrengt, er wird nie ein Pfirsichbaum werden …

«Gott gebe mir die Kraft, die Dinge zu ändern,
die ich ändern kann.
Er gebe mir die Geduld, Dinge hinzunehmen,
die ich nicht ändern kann.
Und er gebe mir die Weisheit,
das eine vom anderen zu unterscheiden.»

(Chinesische Weisheit)

Kopfsprung – Sind Fische wasserscheu?

Gefühlsmanagement

Alexander S. war erst vor kurzem zum Direktor einer großen Bank befördert worden. Seine Führungsspanne hatte sich vergrößert, und neben mehr Verantwortung ergab sich auch direkter Kundenkontakt mit wichtigen Schlüsselkunden. Sein Chef hatte ihm nahe gelegt, in erster Linie Fingerspitzengefühl im Umgang mit den Kunden sowie ein Bauchgefühl für Marktentwicklungen und Trends zu entwickeln.

Als promovierter Mathematiker hatte Alexander S. sich bislang noch nie mit «Fingerspitzen-» oder gar «Bauchgefühlen» beschäftigt. Seine bisherige Aufgabe bestand darin, präzise Analysen zu erarbeiten. Es fiel ihm weitaus leichter, Kunden und Märkte auf Grund bestimmter Kriterien zu segmentieren und zu kategorisieren sowie Hochrechnungen über mögliche Umsätze und Gewinne bei unterschiedlichen Szenarien zu erstellen. Was hatte sein Chef nur gemeint, als er Alexander S. empfahl, seine Gefühle und gar Intuition zu trainieren? Wie sollte denn so ein Trainingsplan aussehen? Gefühle hatte er bisher gemieden wie der Teufel das Weihwasser, denn sie lenkten doch bloß von der Arbeit ab ... außerdem ließen die sich kaum kontrollieren oder gar berechnen, was für ihn fast noch schlimmer war.

Ähnlich gelagerte Fälle gibt es sehr häufig. Als Kleinkind hatten wir alle einmal eine ausgezeichnete Intuition und ein sehr klares Bauchgefühl in Bezug auf unsere Vorlieben und andere Menschen. Wenn Sie Kinder beobachten, wird Ihnen vermutlich auffallen, dass diese bis zum Alter von etwa fünf Jahren vorwiegend spontan gefühlsmäßig und «Bauch gesteuert» reagieren und seltener rational. Sie erspüren auch sofort die Stimmung der Eltern und des Umfeldes. Durch die Schule und Ausbildung verlernen wir dies jedoch teilweise, da dort vorwiegend die rationale Seite in uns gefördert wird und das Thema Leistung im Vordergrund steht. Das ist sicher auch gut und hilfreich, solange das Bauchgefühl, die Intuition, dadurch nicht zu sehr vernachlässigt wird.

So konnte Alexander S. als Kind sicher sehr präzise einschätzen, wie er zum Beispiel seine Eltern dazu bekam, seine Wünsche und Ziele zu erfüllen. Er wusste ganz genau, wie er sich verhalten musste, um bei seinen Eltern eine bestimmte Reaktion hervorzurufen. Genau diese Fähigkeit, die Reaktion anderer auf das eigene Verhalten richtig einschätzen zu können, wäre für Alexander S. heute im Umgang mit den Kunden und Mitarbeitern sehr hilfreich. Damit könnte er sie so führen und steuern, dass sie seine eigenen Ziele erfüllen, und das möglichst noch aus freien Stücken. Alexander S. hat diese Fähigkeit jedoch teilweise verlernt. Im Mathematik-Studium war primär sein Kopf gefordert, ebenso in seiner Zeit in der Bank, wo er für brillante Denkleistungen stets Anerkennung bekam. Durch die positive Verstärkung hatte er seine analytisch-rationalen Fähigkeiten immer mehr trainiert und sich ganz darauf konzentriert.

Wir Menschen verfügen jedoch sowohl über eine linke Gehirnhälfte, in der rationale und sequenzielle Fähigkeiten sowie die Sprache angesiedelt sind, als auch über eine rechte Seite mit intuitiven und assoziativen Potenzialen. Beide Gehirnhälften sind durch einen Nervenstrang, den Corpus Callosum, miteinander verbunden. Dieser Strang ist bei Frauen anatomisch breiter als bei Männern. Dies führt dazu, dass es Frauen leichter fällt, zwischen linker und rechter Hirnhemisphäre zu interferieren.

So können Frauen zum Beispiel leicht über ihre Gefühle (rechte Gehirnhälfte) sprechen (linke Gehirnhälfte). Das heißt jedoch nicht, dass Männer dies nicht könnten; es fällt ihnen nur schwerer. Es ist einleuchtend, dass man mit der Nutzung beider Gehirnhälften im Vorteil ist und seine eigenen Potenziale besser ausnutzt.

Die Angst, sich auf Gefühle einzulassen, ist verständlich, denn Gefühle sind kaum steuerbar. Bei ihnen geht es darum, sie erst einmal zuzulassen und sich bewusst zu machen. Erst dann lassen sie sich auch beherrschen.

Die Kunst besteht also darin, seine Gefühle wahrzunehmen

und dann richtig zu deuten, um anschließend in Abhängigkeit vom Kontext und eigenen Zielen bewusst zu entscheiden, ob man in ihnen verharren will oder aber wieder aussteigt.

Wenn es um den Umgang mit Menschen geht, brauchen Sie mit Sicherheit ein gutes Bauchgefühl. Dies ist vielen bei Themen wie der Personalauswahl vertraut. Natürlich gibt es auch dort rationale Kriterien wie zum Beispiel fachliche Qualifikation und Erfahrungen sowie konkrete Anforderungskriterien.

Jedoch ist auch das Bauchgefühl entscheidend für die Frage, ob man mit diesem Menschen zusammenarbeiten möchte und kann. Die Chemie sollte stimmen – heißt es im Volksmund treffend –, damit die Zusammenarbeit umso besser funktioniert. Denn personelle Fehlentscheidungen kosten eine Menge Zeit, Kraft, Geld und Nerven.

Anregungen zum Thema Bauchmuskel-Training/ Bauchgefühl

1. Gefühle zeigen sich auch körperlich. Häufige körperliche Empfindungen bei unangenehmen Gefühlen sind ein Unwohlsein im Bauch, eine Enge im Brustbereich, Stiche in der Herzgegend, das Gefühl einer zugeschnürten Kehle oder ein Kloß im Hals. Jedoch ist das Erleben von Gefühlen individuell unterschiedlich.
   Wenn Sie Ihre eigenen Reaktionen über eine Zeit hin beobachten, werden Sie schneller identifizieren können, welche Gefühle sich wo und wie körperlich bei Ihnen bemerkbar machen.
   Schreiben Sie ein «Gefühlstagebuch». Gehen Sie abends den Tag durch und erinnern Sie sich daran, wann Sie kleinere und größere Höhen oder Tiefen erlebt haben. Erinnern Sie sich an Ihre körperlichen Reaktionen auf diese Höhen und Tiefen. Sie sollten sich dafür nicht mehr als sieben Minuten Zeit nehmen.
   Sie könnten zum Beispiel aufschreiben, dass Sie beim Kontakt mit Person X ein ungutes Gefühl im Bauch hatten. Das damit verbun-

dene Gefühl in Bezug auf diese Person könnte zum Beispiel Unbehagen sein und könnte für Sie ein wichtiges Signal sein. Vielleicht haben Sie sich nach dem Kontakt mit Person Y im Brustbereich erleichtert gefühlt. Wenn Sie dieses Tagebuch über einige Tage geschrieben haben, werden Sie plötzlich Ihre individuellen körperlichen Signale leichter deuten und zuordnen können. Zudem wird sich Ihre Wahrnehmungsfähigkeit für Gefühle steigern, da Sie diesen mehr Aufmerksamkeit schenken.

2. Es ist wichtig, Gefühle richtig zu deuten. So ist zum Beispiel Wut oder Aggression ein Gefühl, das von innen nach außen drängt. Daher ist das Bedürfnis zu schreien oder körperlich mit Kraft aktiv zu werden häufig die Folge. Auch Freude und Lachen drängen von innen nach außen. Daher lässt sich ein Gefühl von Wut oder Aggression auch über lautes Lachen kompensieren.
   Dagegen ist Trauer ein Gefühl, das einen sich nach innen zusammenziehen lässt. Die Folge ist häufig ein Bedürfnis nach Geborgenheit, Anlehnung und sich einkuscheln. Nehme ich differenziert wahr, welches Gefühl gerade vorherrscht, dann kann ich darauf auch entsprechend reagieren. Es kommt jedoch häufig vor, dass Männer gefühlte Trauer in Wut umdeuten oder Frauen gefühlte Aggression als Trauer interpretieren.
   Um sich klar zu werden, was denn wirklich dahinter liegt, ist es hilfreich, sich gut in sich hinein zu fühlen und zu fragen, welches Bedürfnis nicht erfüllt worden ist. Meist lassen sich dann Rückschlüsse auf das Gefühl und die adäquate Verhaltensweise ziehen, um sich besser zu fühlen. So könnte Alexander S. den Hinweis seines Chefs als Kritik aufgefasst haben. Darauf könnte er zum Beispiel mit Ärger, Wut oder Trauer reagieren, falls er es persönlich nehmen würde.
   Sein wahres Bedürfnis aber könnte sein, zum Beispiel mehr Anerkennung für seinen Einsatz und seine Leistungen zu erhalten. Lob könnte er aktiv einfordern. So haben Gefühle eine wichtige Signalfunktion und können unbefriedigte Bedürfnisse aufdecken.

3. Wenn Sie Gefühle deutlicher spüren und identifizieren wollen, ist der Atem hilfreich. Dazu atmen Sie in den Teil des Körpers hinein, in welchem Sie zum Beispiel ein Unwohlsein oder eine Anspannung verspüren. Wenn zum Beispiel ein leichtes Bauchgrummeln verspürt wird, atmen Sie tief in den Bauch hinein. Bauchatmung funktioniert besonders gut, wenn durch die Zähne ein- und ausgeatmet wird. Dabei hebt und senkt sich die Bauchdecke. Sie können dabei auch eine Hand auf den Bauch legen. Die Bauchatmung bewirkt generell, dass man sogleich ruhiger wird. Daher können Sie die Bauchatmung immer dann anwenden, wenn ein Gefühlsausbruch gerade unpassend erscheint und Ihnen Gelassenheit fehlt.
   Durch die Atmung in den relevanten Teil des Körpers lösen sich unangenehme Gefühle leichter auf und Ihnen wird die Signalfunktion des jeweiligen Gefühls klar. Dazu können Sie den Prozess auch umdrehen: Sie denken zum Beispiel bewusst an eine Situation, in der Sie wütend waren, und steigern sich noch ein wenig in dieses Gefühl hinein. Dann spüren Sie nach, was Sie wo körperlich empfinden. Daraus können Sie Rückschlüsse ziehen, wie sich in der Regel das Gefühl Wut bei Ihnen körperlich bemerkbar macht.
4. Ihre Gedanken haben einen großen Einfluss auf Ihre erlebten Gefühle und vice versa. Es sind nicht die Dinge an sich, die einen Menschen beunruhigen. Wichtiger ist die Art, wie wir über unsere Umgebung und über uns denken. Wir können auch nicht immer die Tatsachen um uns herum ändern, wohl aber unsere Gedanken darüber.
   Wenn Sie zum Beispiel im Stau stehen und einen dringenden Termin haben, werden Sie wahrscheinlich gereizt, ärgerlich, nervös, wütend oder ungeduldig. Vermutlich werden Sie den Stau als Ursache für Ihren Gefühlszustand ansehen. Ein Stau ist jedoch nichts weiter als eine Ansammlung von Autos. Wie kann Sie dies zu derartigen Reaktionen veranlassen?
   Die tatsächliche Ursache für Ihre Reaktion sind gedankliche Erwar-

tungshaltungen. Erwartungshaltungen könnten zum Beispiel sein: «Wenn ich Auto fahre, dann immer schnell», «Eine Kilometeranzahl von X lege ich in einer Zeit von Y zurück», «Ich komme immer pünktlich zu meinen Terminen», «Alle Autos, die weniger PS haben als ich, gehören auf die rechte Spur oder müssen sofort Platz machen».

Wenn Sie in einem Stau stehen, können Sie nicht die Realität verändern. Sie könnten Ihre Erwartungshaltungen aber modifizieren. Beispielsweise so: «In der Regel fahre ich schnell und komme pünktlich. Wenn dies aber mal nicht möglich sein sollte, kann ich damit leben und werde das Beste aus dieser Zeit machen.»

Vielleicht ist die Verspätung und zusätzliche Zeit tatsächlich für etwas gut, zum Beispiel für Reflektionen über den Umgang mit Gefühlen?

Zurück zur Ausgangsfrage: Sind Fische wasserscheu? Wasser bedeutet für Fische Leben. Und so benötigen wir unsere Gefühle, um das Leben zu erleben. Es ist ein großer Unterschied, ob ich und mein Körper nur funktionieren oder ich tatsächlich mein Leben lebe und erlebe. Kein Kleinkind würde sich Gedanken darüber machen, wie es mit seinen Gefühlen umgehen sollte. Es fühlt einfach und lebt danach im Hier und Jetzt. So können alle Menschen fühlen und auch damit umgehen. Einige mögen es verlernt haben, das Potenzial ist aber noch da.

«You can't stop the waves, but you can learn to surf.»

Natur als Vorbild? – Strengt sich ein Wasserfall an?

Wie Sie gelassen mit Hindernissen umgehen

Horst B. wollte seinen Ohren nicht trauen. Der von ihm verantwortete Produktionsbereich sollte am hiesigen Standort geschlossen und ein Teil nach Tschechien ausgelagert werden. Die Maßnahmen zur Standortsicherung und Ertragssteigerung von Horst B. hätten leider nicht gereicht, um dies zu verhindern. Den Argumenten und Einzelheiten des weiteren Vorgehens konnte er nicht mehr folgen, da seine Gedanken sich bereits verselbstständigt hatten. Ausgerechnet sein Bereich sollte komplett heruntergefahren werden... Dabei hatte er sich so sehr eingesetzt und einfach alles gegeben. Traute man ihm denn gar nichts zu? Das war ungerecht. Was hatte er bloß falsch gemacht? War sein Einsatz denn gar nichts wert gewesen? Was sollte er den über tausend betroffenen Mitarbeitern sagen? Er fühlte sich regelrecht schuldig.

Sein Magen zog sich zusammen. Am liebsten würde er den Überbringer der Nachricht zusammenschlagen. Seine Fäuste ballten sich bereits in der Hosentasche. Nur mit äußerster Selbstkontrolle hielt er sich zurück. Um nicht doch zu explodieren, entschuldigte er sich kurz, da er ganz dringend draußen eine Zigarette rauchen müsse. Wie konnte man ihm das nur antun? Er war zu keinem klaren Gedanken mehr fähig. Nur die Wörter: «Versager – Niederlage – Schließung – Schuld» purzelten in seinem Kopf herum.

Offenbar hat Horst B. die Schließung seines Produktionsbereichs sofort als persönliche Kritik aufgefasst. Daraus resultiert auch die emotional aufgeladene Reaktion. In der Regel werden Äußerungen dann als persönlich kränkende Kritik begriffen, wenn mindestens eine der folgenden Ursachen zu Grunde liegt:

1. Wenn wir eine direkte oder unterschwellige Abwertung durch Kritik spüren; die Kritik wird dann als wenig konstruktiv verstanden.
2. Wenn wir vor Dritten kritisiert werden.
3. Wenn wir uns als Person allgemein schlecht bewertet fühlen im Sinne von «Du kannst das nicht», «Das machst du ganz falsch».

4. Wenn die Kritik uns als ganze Person trifft und wir uns als Idiot fühlen.
5. Wenn Kritik uns an einem wunden Punkt trifft, an dem wir unseren Selbstwert nicht mehr verorten können.
6. Wenn der andere uns die Lösung präsentiert und damit vermittelt, er wisse und könne es besser.
7. Wenn wir beim anderen mehr Ungeduld spüren als Wohlwollen.
8. Wenn es uns besonders wichtig ist, hier und bei diesen Menschen gut zu sein.
9. Wenn die Absicht der Kritik ist, uns abzuwerten oder schlecht zu machen.

Horst B. reagiert vermutlich deshalb so überaus emotional, weil er die Entscheidung als Abwertung auffasst (siehe Punkt 1) und die vermeintliche Kritik bei ihm einen wunden Punkt trifft (siehe Punkt 5). Außerdem ist es ihm offenbar besonders wichtig, in seinem Produktionsbereich gut zu sein (siehe Punkt 8).

Sicher ist die Nachricht über die Schließung an sich bereits negativ und wird in den seltensten Fällen positive Reaktionen verursachen. Die Heftigkeit der eigenen Reaktionsmuster ist jedoch abhängig davon, ob man Kritik als persönliche Kränkung auffasst. Vielleicht haben Sie auch schon Situationen erlebt, in denen Sie auf Grund von im Nachhinein «kleinen» Gegebenheiten (wie zum Beispiel einem vermeintlich unfreundlichen oder kritischen Blick) extrem stark und lang anhaltend emotional reagiert haben. Vielleicht haben Sie sich sogar immer mehr in das ungute Gefühl hineingesteigert. Solchen Reaktionsmustern liegt meist eine persönliche Kränkung zu Grunde.

Eine Kränkung erinnert häufig unbewusst an eine frühere Verletzung und löst in der Regel mindestens eine der folgenden Ängste aus, die Angst vor:

- Wertlosigkeit/Nichtigkeit,
- Ablehnung/Liebesverlust/Liebesentzug,
- nicht dazuzugehören,
- alles falsch zu machen,
- sich nicht auf etwas oder jemanden verlassen und vertrauen zu können,
- sich schuldig zu machen,
- nicht zu genügen,
- nicht verstanden zu werden,
- Verlassenheitsangst,
- Vernichtungsangst/Fragmentierungsangst (das heißt der Angst, auseinander zu fallen).

Je nach der individuellen Lerngeschichte können diese Ängste unterschiedliche Ausprägungen haben. So kann ein Mensch, der früh den Tod eines Angehörigen erlebte, es als seine Schuld interpretieren, dass dieser Mensch starb. Hätte er nur besser aufgepasst, dann wäre nichts passiert.

Im Erwachsenenalter kann dieser Mensch beispielsweise Angst haben, etwas falsch zu machen, aus Furcht darüber, es könne etwas Furchtbares passieren, das er verschuldet habe. In diesem Fall stünde hinter der Angst, einen Fehler zu machen, die tiefer liegende Angst, sich schuldig zu machen. Wird diese identifiziert, so wird die Stärke der vordergründigen Angst vermindert.

Wir können unsere Ängste nicht immer eliminieren. Aber wir können lernen, sie zu verstehen und besser mit ihnen umzugehen.

Wie können Sie lernen, mit Hindernissen und Kritik umzugehen?

1. Wenn wir uns durch Kritik persönlich gekränkt fühlen, ist der Kontakt ein Ausweg: Wenn wir in Kontakt mit dem anderen bleiben, haben wir kaum eine Chance, in Selbstmitleid zu verfallen und uns

beleidigt aus dem Kontakt zu ziehen. Wenn ich mich auf mein Gegenüber und dessen Botschaft einlasse, ist es ungleich leichter, gemeinsam konstruktive Lösungen oder Maßnahmen zu finden. So hat Horst B. bereits nach den ersten Sätzen den Kontakt zu seinem Gegenüber und dessen Botschaft verloren und beschäftigte sich nur noch mit den eigenen Gedankenszenarien. Der sonstige Inhalt der Nachricht ging vermutlich an ihm vorbei.

2. Eine weitere Möglichkeit ist die Ersetzung von Erwartungen durch Hoffnungen. Die meisten Menschen haben bestimmte Erwartungen an das Verhalten anderer in Bezug auf Pünktlichkeit, Ehrlichkeit, Gerechtigkeit oder Professionalität.
   Erwartungen beinhalten den Anspruch auf Erfüllung, die häufig sogar keinen Aufschub duldet. Die Folge unerfüllter Erwartung ist Enttäuschung. Hoffnung lässt mehr Raum, ist geduldiger und besitzt keine momentane Dringlichkeit. In der Hoffnung liegt nicht der Anspruch auf Befriedigung, sondern der Wunsch und das Vertrauen, dass wir bekommen, was uns zusteht. Hoffnung ist auf die Zukunft gerichtet und nicht an eine Hier-und-jetzt-Beziehung gebunden.
   Kränkungen sind Reaktionen auf enttäuschte Erwartungen. Leicht zu kränkende Menschen besitzen wenig Fähigkeiten zum Aufschub. Wenn Sie Anerkennung erwarten, möchten Sie diese sofort und nicht später. Kränkungen sind vermeidbar, wenn wir statt der Erwartungen Hoffnungen hegen, uns Zeit nehmen, Geduld haben und warten können. In dieser Haltung erreichen wir Gelassenheit. In der Gelassenheit lassen wir los von unseren fixen Erwartungen und dem Wunsch nach Kontrolle. Wir lernen zu vertrauen. Wir lassen geschehen, was wir nicht beeinflussen können, und wenden keine unnötige Kraft auf, etwas außerhalb unserer Macht Stehendes steuern zu wollen. Wir können zum Beispiel die Anerkennung eines anderen Menschen nicht erzwingen, weder durch Macht noch durch Kontrolle. Hoffnung dagegen kontrolliert und fordert

nicht, sondern lässt los und lässt sich beschenken. Vertrauen können wir nicht herstellen, sondern nur schenken.

3. Um emotionale Überreaktionen zu vermeiden, gibt es eine einfache Übung: Versuchen Sie zu verstehen, weshalb andere sich entgegen Ihren Erwartungen verhalten. Was sind deren Motive, Rechtsansprüche und Bedürfnisse? In der Regel neigen wir dazu, andere zu bewerten oder sogar zu verurteilen. Dadurch steigern wir uns leicht immer mehr in unangenehme Emotionen hinein. Man kann jedoch nicht gleichzeitig einen Menschen bewerten und ihn und seine Beweggründe verstehen.
   Horst B. bewertet die Entscheidung als ungerecht. Wenn er sich nun noch weiter in dieses Gefühl hineinsteigert, wird es ihm noch schlechter gehen. Wenn er stattdessen versucht, die Hintergründe zu analysieren und zu verstehen, verschafft er sich Distanz und kann konstruktiv reagieren.
4. Eine wunderbare Möglichkeit, um sich emotional zu distanzieren, ist der Humor. Wenn man sich erst einmal in die eigenen Horrorszenarien im Kopf hineingesteigert hat, kann man diese nicht so leicht abstellen. Wenn Sie diese jedoch bewusst überzeichnen, geradezu karikieren, werden Sie Ihre Horrorszenarien sogar komisch finden können.
   Wenn Sie beispielsweise in einem sehr zähen Meeting sitzen und auf Grund der Ineffizienz immer ärgerlicher und ungeduldiger werden, könnte vielleicht folgendes Bild helfen, um wieder gelassen zu werden: Stellen Sie sich vor, alle Teilnehmer des Meetings säßen wie Kinder in einer großen Sandkiste. Und eigentlich geht es gar nicht darum, gemeinsam eine große Sandburg zu bauen. In Wahrheit geht es darum, wer das *größte* Schippchen in der Hand hat …
5. Manchmal erkennen wir erst im Nachhinein, wozu ein unangenehmes Ereignis gut für uns war. Wir können versuchen, aus unangenehmen Situationen etwas zu lernen. Dieser Lernprozess ist eine Frage des Zeitpunktes, der Perspektive und der Distanz. Das stellte

auch der Gründer von Tchibo fest: «Strategy is what you see, when you look back.»
Zumindest können wir aus derartigen Situationen etwas lernen. Fragen wie «Wozu kann das gut sein?» oder «Was kann ich daraus lernen?» führen zu einer konstruktiven Verarbeitung. Starke emotionale Reaktionen entstehen häufig, wenn jemand etwas tut,

a) das wir selbst viel besser können (zum Beispiel ein Vortrag über unser Spezialthema),
b) das uns an jemanden erinnert mit dem wir schlechte Erfahrungen gemacht haben (Eltern, Ex-Partner(in), Ex-Chef(in) ...),
c) das wir uns in dem Ausmaß nie erlauben würden (zun Beispiel als pünktlicher Mensch unpünktlich erscheinen).

6. Körperliche Betätigung oder gezielte Bauchatmung können zusätzlich zu mehr Gelassenheit führen.
7. Strengt ein Wasserfall sich an? Er ist einfach im Fluss und fließt über. Hindernisse werden selten seine Richtung ändern. Wenn Sie ganz Sie selbst bleiben, werden Sie sich auch «im Fluss» fühlen und weitaus weniger Anstrengung benötigen.

«Loslassen,
geschehen lassen,
zulassen,
was mir entspricht.

Geduld haben,
nicht drängen wollen,
vertrauen, dass geschieht,
was mir entspricht.

Innehalten,
still werden,
ruhig sein
und die Seele wachsen lassen.»

(Max Feigenwinter)

Häuptling oder Indianer?
Führung –
Der ganz normale Wahnsinn

Ich führe, also bin ich

Karin M. blickte irritiert auf die Auswertung ihres 360-Grad-Feedbacks, in dem ihre Führungskompetenz von Mitarbeitern, Kollegen, dem Vorgesetzten und Kunden beurteilt wurde. Die Rückmeldungen waren teilweise äußerst widersprüchlich. Ihr Chef merkte an, sie solle härter und schneller durchgreifen. Einige Mitarbeiter hingegen wünschten sich von ihr mehr Geduld und weniger Druck. Einige Kollegen baten um selektive und weniger Informationen, für andere informierte sie viel zu wenig. Einige Mitarbeiter fühlten sich zu stark kontrolliert und plädierten für mehr Freiräume, andere wünschten sich klare und konkrete Handlungsanweisungen. Was sollte sie nun damit anfangen?

Sie fand es schon schwierig genug, die Interessen ihres Chefs, der Mitarbeiter, Kollegen und nicht zuletzt ihre eigenen Interessen unter einen Hut zu bringen. Und nun waren sich nicht einmal die Mitarbeiter in den Erwartungen an sie einig. Erschwerend kamen permanent unvorhersehbare Änderungen der Ziele und Rahmenbedingungen hinzu, und am Ende wurde immer sie als Führungskraft zur Verantwortung gezogen.

Es geht vielen Führungskräften ähnlich wie Karin M: Sie fühlen sich zwischen unterschiedlichen und sich ständig wandelnden Anforderungen hin und her gerissen.

Die unterschiedlichen Rückmeldungen im Fall von Karin M. liegen zum einen an den unterschiedlichen Interessen von Vorgesetzten, Kollegen und Mitarbeitern, zum anderen an den unterschiedlichen Persönlichkeitsprofilen und Reifegraden der Beteiligten. Umso wichtiger erscheint es, als Führungskraft eine klare Vorstellung davon zu haben, wie man generell führen möchte, welche Prioritäten man setzt und bis zu welchem Grad man auf die unterschiedlichen Erwartungen und Anforderungen eingehen kann und will. Wer führen will, sollte zunächst einmal sich selbst führen können. Die Kenntnis der eigenen Stärken und Schwächen ist dazu eine wichtige, wenn auch nicht ausreichende Voraussetzung.

Die Frage: «Was ist eine ideale Führungskraft?» lässt sich vielleicht theoretisch beantworten: Bei Umfragen dazu erscheinen oft Attribute wie: unternehmerisch denkend, strategisch, kommunikativ, sozial kompetent, visionär oder teambildend. Doch passen diese Beschreibungen tatsächlich auf die erfolgreichen Führungskräfte unserer Zeit? Die Frage sollte eher lauten: «Was zeichnet eine wirksame Führungskraft aus?»

Professor Fredmund Malik gibt dazu in seinem Buch «Führen, Leisten, Leben» die folgende, sicher nicht neue Antwort: «Der Schlüssel liegt in der *Art* des Handelns. Dabei haben wirksame Führungskräfte die gleichen Grundsätze, konzentrieren sich auf wesentliche Aufgaben und nutzen alle ähnliche Werkzeuge. Die Grundsätze lauten: ergebnisorientiert handeln, einen Beitrag zum Ganzen leisten, auf Weniges und zugleich Wesentliches konzentrieren, die Stärken der Mitarbeiter nutzen, eine Vertrauensbasis schaffen und positiv denken. Die Aufgaben wirksamer Führungskräfte sind: Sie sorgen für Ziele und führen durch Ziele, organisieren, entscheiden, kontrollieren und fördern Menschen. Und schließlich gehen sie virtuos mit den ganz normalen Managementwerkzeugen um: Sie gestalten Sitzungen effizient, halten Wichtiges schriftlich fest, gehen gut mit ihrer Zeit um und nutzen die moderne Kommunikationstechnik sinnvoll. Sie können ein Budget erstellen, die Leistungen ihrer Mitarbeiter beurteilen, wobei sie standardisierte Leistungsbeurteilungssysteme ablehnen. Und sie trennen sich konsequent von Überkommenem und Überflüssigem.»

Oder frei nach Peter Drucker: «Effective executives do first things first and second things? – not at all!»

Der entscheidende Erfolgsfaktor ist jedoch die eigene Glaubwürdigkeit. Ohne die kann kein Vertrauen entstehen. Und glaubwürdig ist man als Führungskraft dann, wenn man die eigenen Werte und Vorstellungen konsequent lebt.

Die eigenen Werte sind vergleichbar mit einem inneren Kompass, der wie ein Gradmesser für die eigene Zufriedenheit fungiert und die eigene Ausrichtung steuert. Doch wie findet man die eigenen Werte heraus?

Wenn all Ihre Wünsche und Bedürfnisse erfüllt wären und Sie ausschließlich Sie selbst sein könnten, an welchen Werten würden Sie Ihr privates und berufliches Leben ausrichten? Wo, womit und mit wem würden Sie die meiste Zeit verbringen? Was treibt Sie wirklich an? Sollten einige antworten, dass Geld sie wirklich motiviert, steht dahinter vermutlich ein anderer Wert wie Sicherheit, Unabhängigkeit, Status, Reputation, Macht oder Anerkennung.

Wenn Sie direkt bei den eigentlichen Werten ansetzen, werden Sie viel eher das bekommen, was Sie wirklich wollen. Der Erfolg kommt dann meist ganz von selbst. Zudem wird Ihre Zufriedenheit enorm steigen.

Erfolgreiche, langjährige Vorgesetzte zeichnen sich durch eine besonnene, selbstbewusste, umsichtige Selbststeuerung aus, die auf einem gelebten Wertefundament basiert. Ihre Besonnenheit bewahrt sie vor unüberlegtem Handeln. Ihre Werte geben ihnen auch bei schnellen Veränderungen und zunehmender Komplexität Orientierung.

In der Führung gibt es nach meiner Auffassung viele Analogien zu den Aufgaben eines Fußballtrainers: Zunächst einmal ist es wichtig, dass der Trainer die richtigen Spieler in seine Mannschaft holt und sie entsprechend ihrer Stärken einsetzt. Es ist auch wichtig, dass die einzelnen Spieler trotz ihrer Verschiedenheit gut zusammen spielen können. Für jeden gibt es klare Regeln und Verantwortungsbereiche, sowohl für die eigene Funktion als auch für ihr Zusammenspiel. Ebenso gibt es eindeutige Konsequenzen, wenn Regeln nicht eingehalten werden.

Es sollte ein Teamgeist entstehen, in dem es weniger wichtig ist, wer die Tore geschossen hat. Ausschlaggebend ist vielmehr, dass die

Mannschaft genügend Tore für einen Aufstieg erzielen konnte. Auch wenn der Trainer vor einem Spiel mit den Spielern eine sinnvolle Spielstrategie erarbeitet hat, gibt es während des Spiels immer wieder unvorhergesehene Situationen, die er als Trainer beobachten muss, ohne direkt eingreifen zu können. Er kann nur Spieler auswechseln.

Die Spieler sind auch keine Marionetten und halten sich nicht immer an Absprachen, reagieren im Affekt oder machen Fehler. Jeden der Spieler sollte er anders behandeln und motivieren: Der eine braucht mehr Druck, der andere mehr Lob. Dennoch muss der Trainer immer fair bleiben. Von Zeit zu Zeit ist es auch notwendig, einen Spieler auszuwechseln.

Am Ende wird aber immer der Trainer zur Verantwortung gezogen, obwohl er selbst nicht am Ball war. Ein Trainerwechsel hat jedoch einen großen Einfluss auf die Leistung des Teams.

Sicher deckt sich dieses Beispiel nicht vollständig mit dem Alltag einer Führungskraft. Aber nach meiner Erfahrung beruht kompetentes Führen auf der Fähigkeit zu einer angemessenen Steuerung widerstrebender Interessen. Es geht daher nicht um richtig oder falsch, sondern um die individuelle Abwägung, welche Art der Führung mir selbst entspricht und mir im jeweiligen Kontext und in Bezug auf die Beteiligten adäquat erscheint.

Dabei reichen in einer vieldeutigen, komplexen und polaren Welt mechanistische Problemlösungsstrategien nicht mehr aus. Es geht vielmehr um die Kompetenz, mit sich widersprechenden Interessen und Ambiguitäten intra- sowie interindividuell umzugehen. So hat jeder zum Beispiel in einigen Kontexten das Bedürfnis nach Nähe und Kontakt und in anderen das klare Bedürfnis nach Distanz. Mal geht es um den Wunsch nach Zugehörigkeit zu einer Gemeinschaft, ein anderes Mal steht die bewusste Differenzierung im Fokus, um die eigene Besonderheit und Andersartigkeit zu betonen.

Jeder Mensch vereint in sich primäre Bedürfnisse nach Freiheit wie auch nach Sicherheit. Zunächst ist es wichtig, sich über die unterschiedlichen eigenen Bedürfnisse, Werte und Ziele je nach Kontext klar zu werden. Anschließend könnte man sich überlegen, auf Grund welcher Kriterien sich diese diametral verändern. Sobald man ein Verständnis für sich und die eigenen Bedürfnisse und Werte erreicht hat, ist es ungleich leichter, sich auch in andere hineinzuversetzen und angemessen zu reagieren.

Dies erfordert ein Lernen auf der Ebene der persönlichen Kompetenz. Dabei geht es um Entdecken und Wahrnehmen und nicht etwa um Kopieren. Lernen auf der Ebene der fachlichen Kompetenz hingegen erfolgt über das Üben von Fertigkeiten und Lernen von anderen.

Eine Herausforderung der Unternehmensführung und insbesondere der Personalentwicklung wird es sein, die Individualität der Mitarbeiter und die Individualität des Unternehmens kunstvoll zusammenzuführen. Die Ausrichtung hochindividueller Personen auf eine Vision und ein gemeinsames Wirken für ein Ziel kann so gelingen. Dies erfordert den kompetenten Umgang mit den Polaritäten der Realität.

An dieser Stelle halte ich eindeutige Regeln nicht für sinnvoll. Orientierung können Ihnen die folgenden Anregungen geben, in denen häufige Fehler und deren Vermeidung aufgeführt werden.

Fünf Versuchungen als Führungskraft

1. Status über Ergebnisse stellen. Dagegen hilft: Machen Sie die Ergebnisse Ihres Unternehmens beziehungsweise Unternehmensbereiches zur wichtigsten Messlatte für Ihren persönlichen Erfolg.
2. Beliebtheit über Verantwortlichkeit stellen. Dagegen hilft: Versuchen Sie nicht, sich bei Ihren Untergebenen beliebt zu machen, sondern ziehen Sie Ihre Mitarbeiter bei Fehlverhalten zur Verantwortung. Respekt ist wichtiger als Beliebtheit.

3. Sicherheit über Klarheit stellen. Dagegen hilft: Stellen Sie Klarheit über Genauigkeit. Sie werden Ihren Mitarbeitern mehr vermitteln können, wenn Sie entschiedene Anweisungen treffen statt ständig auf noch mehr Informationen zu warten.
4. Harmonie über Auseinandersetzung stellen. Dagegen hilft: Widerstehen Sie Ihrem Bedürfnis nach Harmonie um jeden Preis und regen Sie stattdessen Ihre Mitarbeiter zum konstruktiven kritischen Dialog an.
5. Unverletzbarkeit über Vertrauen stellen. Dagegen hilft: Ermutigen Sie Ihre Mitarbeiter aktiv, Ihre Ideen zu kritisieren. Vertrauen Sie Ihnen Ihren Ruf und Ihr Ego an. Wenn Sie sich als Führungskraft auch menschlich zeigen, erhöhen Sie das Vertrauen.

«Ein Führer ist jemand, der die anderen unendlich nötig hat.»
(Antoine de Saint-Exupéry)

«Manager do things right, leaders do the right things.»
(Warren Bennis)

Anglerweisheit: So schmeckt der Köder dem Fisch

Wie Sie lernen, dass andere an Ihrer Angel anbeißen

Wolfgang R. konnte es kaum fassen: Ausgerechnet ihm hatte man nach 20 Jahren Erfahrung als Key Account Manager eine Abmahnung erteilt. Dabei war er stets zuverlässig und loyal gewesen. Grund der Abmahnung war, dass er dem Vorstandsvorsitzenden angeblich wesentliche Kennzahlen nicht rechtzeitig geliefert hatte. Dabei hatte er sein Bestes gegeben, war jedoch auf Input von Kollegen und Kunden angewiesen. Er konnte sich kaum vorstellen, dass dieser Vorfall die alleinige Ursache gewesen sein sollte. Wollte man ihn loswerden?

Er bat umgehend um ein persönliches Gespräch mit seinem Vorgesetzten, dem Geschäftsführer Vertrieb.

Sein Chef wirkte sichtlich bekümmert und zugleich verärgert. Er erklärte Wolfgang R., dass er sich sehr für ihn eingesetzt habe. Der Vorstandsvorsitzende habe ihm bereits vor einigen Wochen sehr deutlich gemacht, dass er Wolfgang R. wegrationalisieren wolle. Sein Chef vermutete, dass dabei auch eine persönliche Antipathie mit im Spiel war. Außerdem schätzte er den Vorstandsvorsitzenden als extrem emotional und bauchgesteuert ein und hatte seinen Mitarbeiter daher verteidigt. Nachdem Wolfgang R. nun aber ausgerechnet zu diesem Zeitpunkt den Auftrag des Vorstandsvorsitzenden nicht erfüllt hatte, wollte sein Chef abgesichert sein. Schließlich musste auch er sein Gesicht wahren und durfte nicht den Eindruck entstehen lassen, dass er nicht in der Lage sei, Konsequenzen zu ziehen.

Sein Chef redete Wolfgang R. sehr ernsthaft ins Gewissen, dass er alles tun müsse, um den negativen Eindruck zu verändern. Er solle sich intensiv mit der Persönlichkeit und Vorlieben des Vorstandsvorsitzenden sowie wesentlicher Meinungsbilder im Unternehmen beschäftigen und sein Verhalten dem anpassen. Sonst könne auch er nichts mehr für ihn tun, was er sehr bedauern würde.

Wolfgang R. reagiert sichtlich überrascht: Bisher hatte er alle Menschen so behandelt, wie er selbst behandelt werden wollte. Aber das reichte wohl bei sehr unterschiedlichen Individuen nicht aus. Wie konnte er jetzt möglichst schnell lernen, andere Persönlichkeiten zu analysieren und zu erkennen, wie er das eigene Kommunikationsverhalten anzupassen hatte?

Viele Menschen neigen dazu, andere genau so zu behandeln und zu führen, wie sie es selbst von anderen erwarten würden. Dieses Prinzip wäre aber nur dann erfolgreich, wenn alle Menschen sehr ähnlich wären. Das ist aber offensichtlich nicht der Fall. Es gibt individuell sehr unterschiedliche Präferenzen, Bedürfnisse und Erwartungen. Diese werden selten offen artikuliert, was die zwischenmenschliche Kommunikation erschwert und leicht zu Missverständnissen und Konflikten führen kann.

Zwar ist es jedem klar, dass der Köder dem Fisch schmecken sollte und nicht dem Angler. Diese Erkenntnis wird aber im Alltag, vor allem unter Stress, häufig nicht berücksichtigt. Vielleicht kennen Sie solche Situationen auch aus dem privaten Bereich, wie der eigenen Partnerschaft. Dazu folgendes Beispiel, welches augenzwinkernd ein gängiges Klischee aufgreift:

Ein Ehepaar kommt gleichzeitig abends von der Arbeit nach Hause. Sie ist den Tränen nahe und berichtet mit verzweifeltem Gesichtsausdruck: «Stell dir vor, heute hat mein Chef doch tatsächlich gesagt, ich würde nicht effizient genug arbeiten, und hat mir auch noch drei neue Projekte gegeben. Das ist total ungerecht...!»

Er: «Zeig mal her. Ich brauche Zettel und Stift, und wir gehen die Projekte durch.»

Sie unterbricht: «Und die Susanne hat auch gemeint, dass das gemein ist und...»

Er: «Also Susannes Meinung hilft mir jetzt nicht. Was sind die Projektziele?»

Sie entrüstet: «Susanne ist mir aber ganz wichtig!»

Durch hohe Selbstkontrolle und gezieltes Nachfragen nach Zahlen, Daten und Fakten entwirft der Mann schließlich Lösungsszenarien.

Ihre Reaktion darauf: «Du hilfst mir gar nicht. Du verstehst mich nicht.»

Er entgegnet entrüstet: «Moment mal, seit einer Stunde erarbeite ich hier deine Lösungen, und du behauptest, ich würde dir nicht helfen? Was erwartest du eigentlich von mir?»

Sie, verletzt: «Wenn du mich lieben würdest, würdest du das jetzt wissen …»

Was ist hier passiert?

Er möchte ihr helfen. Dabei geht er rational vor, während sie emotional aufgeladen ist. Er schließt von seinem eigenen Verhalten auf das ihrige: Er würde nur dann von einem Problem erzählen, wenn er eine Lösung auf der sachlichen Ebene erwartet. Sie hingegen möchte emotional verstanden werden und ist in der Situation noch gar nicht offen für eine sachliche Problemlösung. Ihr geht es vielmehr um das Gefühl, ungerecht behandelt worden zu sein, und sie erwartet Verständnis, Trost und Schutz. Auch sie geht von sich selbst aus, wenn sie meint, dass er ihr Bedürfnis doch genauso erspüren müsse.

Die Kommunikation wäre viel besser verlaufen, wenn entweder sie direkt gesagt hätte, was sie von ihm möchte, oder er nachgefragt hätte, wie er ihr helfen kann. Um solche Missverständnisse zu vermeiden, ist es notwendig, sich mit den Bedürfnissen des anderen und dahinter liegenden Zielen zu beschäftigen und gegebenenfalls nachzufragen.

Da leider nur wenige Menschen direkt sagen, was sie von einem anderen erwarten, kann Ihnen nachfolgendes Modell helfen, unterschiedliche Persönlichkeitstypen und deren Kommunikations- und Konfliktverhalten schneller zu identifizieren. Das Modell stammt von Riemann und wurde von Thoman und auch von mir weiterentwickelt. Wie bei jedem Modell handelt es sich um eine Vereinfachung der Realität. Jeder Mensch ist immer eine Mischung der 4 Grundtypen mit unterschiedlich hohen Ausprägungen pro Typ.

Vier Bedürfnistypen und deren Konfliktverhalten

1. Bedürfnis nach Distanz

- *positive Seite:* Menschen mit einem starken Bedürfnis nach Distanz arbeiten am liebsten sehr eigenständig und haben gern die Führung in der Hand. Sie orientieren sich an Zahlen, Daten und Fakten und gehen sehr sachlich und analytisch vor. Sie sind autonom, entscheidungsstark und sehr zielorientiert.
- *negative Seite:* Emotional sind sie eher etwas unbeholfen, da sie sich lieber mit konkreten Themen auseinander setzen. Innerlich sind sie zwar meist sehr sensibel, haben aber nie gelernt, mit Gefühlen umzugehen. Hilfe anzunehmen fällt ihnen ebenso schwer wie Unterordnung, da sie weiterhin eigenständig und unabhängig sein möchten. Meetings halten sie eher für Zeitverschwendung.
- *Konfliktverhalten:* In Konflikten agieren Distanz-Typen mit messerscharfen Kommentaren, Arroganz, Sarkasmus oder Ironie. Dabei bleiben sie betont sachlich.
- *Kommunikationsverhalten:* Sie schätzen eine präzise Ausdrucksweise und wollen schnell zum Punkt kommen. Auf verbale Abschweifungen reagieren sie ungeduldig. Sie bevorzugen eine sachliche und knappe Darstellung.

2. Bedürfnis nach Nähe und Harmonie

- *positive Seite:* Diese Typen in Reinform zeichnen sich durch ein hohes Einfühlungsvermögen und eine ausgeprägte Kontaktfähigkeit aus. Sie arbeiten gut und gerne in Teams und übernehmen oft eine integrierende Rolle. Sie passen sich leicht an und geben gerne ihre Unterstützung.
- *negative Seite:* Konflikten weichen sie am liebsten aus. Sie sind in ihrer Leistung stark von einer harmonischen Umgebung abhängig. Es fällt ihnen schwer, sich durchzusetzen und nein zu

sagen. Ein harmonisches Umfeld ist ihnen wichtiger als harte und konsequente Zielerreichung.

- *Konfliktverhalten:* In Konflikten heben Nähe-Typen die eigene Hilflosigkeit und Opferrolle hervor und erwarten dadurch Unterstützung beziehungsweise «Rettung». Teilweise erpressen sie auch emotional oder drohen mit dem Abbruch der Beziehung.
- *Kommunikationsverhalten:* Bevor sie über sachliche Themen und Ziele sprechen, ist der Aufbau einer guten Beziehung zum Gesprächspartner essenziell. Die Gesprächsatmosphäre ist ihnen sehr wichtig, und sie sind gut darin, eine solche aufzubauen.

3. Bedürfnis nach Sicherheit und Konstanz

- *positive Seite:* Diese Menschen sind sehr verantwortungsbewusst und zuverlässig. Sie sind in der Regel sehr gut organisiert, arbeiten nach Plänen und verfügen über eine hohe Selbstkontrolle und Disziplin. Sie arbeiten stets systematisch und ausdauernd und halten sich an Regeln und hierarchische Ordnungen.
- *negative Seite:* Da ihnen die Einhaltung von Prinzipien und Regeln wichtig ist, können sie stur und pedantisch sein. Auf Veränderungen reagieren sie eher unflexibel, da traditionelle und vertraute Vorgehensweisen ihnen mehr Sicherheit geben.
- *Konfliktverhalten:* In Konflikten üben sie Druck aus, häufig über die Positionsmacht. Sie bevorzugen eine autoritäre Verhaltensweise und verweisen gerne auf die Einhaltung von Regeln und Absprachen.
- *Kommunikationsverhalten:* Sie bevorzugen schriftliche Kommunikation, da dies Sicherheit gibt. Spontaneität liegt ihnen weniger, daher bereiten sie sich gerne auf Gespräche intensiv vor und erwarten dies auch von anderen. Dabei ist für sie die Einhaltung der Hierarchie sehr wichtig.

4. Bedürfnis nach Veränderung

- *positive Seite:* Menschen mit diesem Grundbedürfnis sind sehr flexibel und kreativ. Sie lieben es, ständig mit neuen Herausforderungen konfrontiert zu werden. Ebenso mögen sie Veränderungen mit hohem Risiko. Begeisterungsfähigkeit fällt ihnen leicht. Es gelingt ihnen ohne jegliche Vorbereitung, ein ganzes Auditorium nachhaltig zu begeistern.
  Danach könnte sich zum Beispiel ein «Distanz-Typ» fragen, was eigentlich die Kernaussagen waren, ein «Sicherheits-Typ» würde vielleicht antworten, er habe alles protokolliert, und ein «Nähe-Typ» würde vermutlich anmerken, dass er ihn persönlich mag.
- *negative Seite:* Diese Menschen legen sich nur sehr ungern fest. Sie sind daher eher unverbindlich und wirken chaotisch. Routine ist ihnen ein Greuel. Da sie eher hedonistisch orientiert sind, hinterlassen sie einen Eindruck von Unberechenbarkeit und Instabilität. Ihre Freiheit und Individualität stehen für sie an erster Stelle, und sie brechen häufig Regeln.
- *Konfliktverhalten:* In Konflikten reagieren sie überraschend und meist indirekt. Sie neigen zu Dramatisierungen, emotionalen Interpretationen und Reaktionen.
- *Kommunikationsverhalten:* Veränderungs-Typen agieren stets spontan und aus dem Bauch heraus. Sie denken assoziativ und können sehr unterhaltsam sein. Schriftliche Kommunikation mögen sie weniger, da sie sich nicht festlegen lassen wollen und lieber improvisieren.

Diese Typen-Zuordnungen dienen einer groben Einordnung: Jeder hat individuell mehr oder weniger stark ausgeprägte Züge jeden Typs. Es gibt auch Persönlichkeiten, bei denen alle Typen gleichermaßen stark ausgeprägt sind. Diese tun sich leicht mit anderen unterschiedlichen Individuen, sind aber selbst schwer einzuschätzen.

Es gibt auch kein gutes oder schlechtes Profil. So wenig wie Gelb besser ist als Rot. Dennoch gibt es unterschiedliche Präferenzen. Vielmehr ist ein Profil mehr oder weniger kompatibel mit den Anforderungen, die zum Beispiel beruflich gestellt werden.

Wolfgang R. hat vermutlich eher hohe Ausprägungen bei Sicherheit und Distanz. Der Vorstandsvorsitzende scheint eher ein typisches Vertriebsprofil zu haben: eine Mischung aus Veränderung und Nähe. Vermutlich wirkte Wolfgang R. daher auf den Vorstandsvorsitzenden zu rational und versäumte es, emotional eine Beziehung aufzubauen und sich gut zu verkaufen, um andere von sich zu begeistern.

Wenn Sie andere dazu bringen wollen, an Ihrer Angel anzubeißen und freiwillig in Ihrem Zielsystem zu landen, ist es sinnvoll, sich genauer mit der Persönlichkeit, den Motiven und Bedürfnissen der anderen Seite zu beschäftigen und angemessen darauf einzugehen.

> *«Ich zahle für die Fähigkeit, Menschen richtig zu behandeln mehr, als für irgendeine andere auf der ganzen Welt.»*
>
> *(John Davison Rockefeller)*

The Gender Trap – Darf man(n) weibliche Manager mit «Mis(s)-Management» ansprechen?

Synergien im Kampf der Geschlechter

Helmuth S. war nun schon seit einigen Jahren Geschäftsführer in einer renommierten Tochtergesellschaft einer Großbank. Umso überraschter war er über die so grundsätzlich unterschiedlichen Reaktionen von zwei Kandidaten, die sich intern um die Leitung der Rechtsabteilung beworben hatten.

Es standen ein Mann und eine Frau zur Disposition, und die Entscheidung fiel ihm sehr schwer. Beide waren fachlich gleichermaßen kompetent, erfahren und fähig, wobei die weibliche Kandidatin bei den meisten Kriterien etwas besser abschnitt. Während der männliche Kandidat die Frage, ob er sich die Beförderung zutraue, mit der Inbrunst der Überzeugung bestätigte, wirkte sie etwas zögerlich.

Obwohl sie die fachlich Versiertere von beiden war, regten sich bei ihr Selbstzweifel. Auch auf die Frage, wie sie auf die Auswahl des anderen Kandidaten reagieren würde, wirkte sie sehr verhalten. Er hingegen meinte, darüber bräuchte er sich gar keine Gedanken zu machen. Falls man sich dennoch gegen ihn entscheiden sollte, würde er seine Konsequenzen ziehen und gehen. Sie aber wollte sich sofort unterordnen und keine Konflikte auslösen: Lieber würde sie freiwillig zurücktreten. Ob die unterschiedlichen Reaktionen mit dem Geschlecht in Verbindung standen?

Tatsächlich gibt es nachweisbare Unterschiede im männlichen und weiblichen Verhalten, die sich auch im Führungsstil bemerkbar machen. Dabei bezieht sich männlich und weiblich nicht auf das biologische Geschlecht (Sex), sondern auf das soziale Geschlecht (Gender). Jeder Mensch vereint in sich sowohl männliche als auch weibliche Anteile, die meist unterschiedlich stark ausgeprägt sind.

Allgemein kann man die Führungsstile folgendermaßen unterscheiden:

Männlicher Führungsstil	Weiblicher Führungsstil
• Eher dominant im Gruppenprozess, will Kontrolle ausüben	• Eher kooperativ und sozialorientiert
• Fokus auf eigenen Platz an der Spitze der Hierarchie eines Teams	• Fokus auf Inhalte sowie auf Umsetzung von Zielen im Team
• statusorientiert	• aufgabenorientiert
• Lust am Testen der Hackordnung	• Leidenschaft für Job und Team, persönliches Involvement
• Enger Machtbegriff, sucht einen «sportlichen» Sieg	• Breiter Machtbegriff, sucht Win-Win-Situationen
• Streben nach Definitionsmacht	• Streben nach Kommunikationsmacht
• eindimensionale Fokussierung	• komplexes Kontextbewusstsein
• Zielorientierung	• Prozessorientierung
• will sich durchsetzen, bricht bewusst Regeln	• passt sich leichter an, Normtreue und Rechtsbindung
• Berechnend und berechenbar	• Setzen auf Verständnis, assoziative Logik und Emotion
• Nachfolgeregelung: Kronprinz aus der Seilschaft	• Nachfolgeregelung auf Basis von Kompetenz, Leistung und Persönlichkeit

Die Unterschiede sind vorwiegend auf die folgenden Faktoren zurückzuführen:

Die biologische Komponente

Der Aufwand, den ein Elterntier für den einzelnen Nachkommen auf Kosten potenzieller weiterer Nachkommen betreibt, ist beim Weibchen im Normalfall wesentlich höher als beim Männchen. Mit einer begrenzten Anzahl von Nachkommen verfolgt das weibliche Geschlecht eine qualitative Strategie.

Das männliche Geschlecht bevorzugt eine quantitative Strategie und versucht, so viele Nachkommen wie möglich zu zeugen. Die männlichen Tiere müssen in einer Konkurrenzsituation um die Weibchen werben. Dabei hilft Imponiergehabe und Aggressivität. Das Weibchen wählt aus, häufig nach Größe, Stärke und Überlegenheit. So sind Konkurrenz, Testen der Hackordnung, Aggressivität und Imponiergehabe für Männer vertraut. Frauen hatten mit aggressivem Verhalten ungleich weniger Chancen. Die Sicherung des Friedens und der Harmonie war wichtig für den Fortbestand der Nachkommenschaft. Männer hingegen können sich gut streiten und anschließend kameradschaftlich ein Bier trinken gehen. Frauen aber fällt der Umgang mit Konflikten in der Regel schwerer. Zudem haben sie ein geringer ausgeprägtes Vorrangstreben: Männer wollen sich im Leben bewähren, Frauen sollen das Leben bewahren.

Die moderne Neurowissenschaft zeigt, dass Frauen im Gegensatz zu Männern gleichzeitig auf die linke Hirnhälfte (Logik, Sitz der Sprache) wie rechte Hirnhälfte (Gefühl) zugreifen können. Männer können dies nur zeitversetzt, da bei ihnen anatomisch die Verbindung der beiden Hirnhälften (Corpus Callosum) geringer ausgeprägt ist. Eine Folge davon ist, dass Frauen im Gegensatz zu Männern leichter über aktuelle Gefühle sprechen können.

Auch die Hormone, insbesondere Östrogen (weibliches Sexualhormon) und Testosteron (männliches Sexualhormon), haben einen entscheidenden Einfluss auf unsere Verhaltensweisen. Untersuchungen haben gezeigt, dass das Spritzen von Testosteron bei Affen und anderen Lebewesen zu Rangkämpfen führt, während die Verabreichung von Östrogen nährende und pflegende Verhaltensweisen fördert. Östrogen prägt bereits das Verhalten kleiner Mädchen: Diese formen Cliquen, hierarchielose Gruppen; in diesen gleichberechtigten Netzwerken streben sie nach Harmonie und Konsens. Sie wachsen in einer Win-win-Welt auf.

Jungs wachsen in einer Win-or-lose-Welt auf, in der sie Hierarchien bilden und um Positionen rangeln: Deshalb fallen sie sich auch ins Wort, geben Befehle, nehmen Befehle entgegen und kämpfen um Status und Rang.

Die geschichtliche Komponente

Das höhere Aggressionspotenzial von Männern hat wahrscheinlich auch bei unseren Vorfahren eine Rolle gespielt.

Männer setzten sich Gefahren aus, gingen auf die Jagd und verteidigten die Sippe. Hierzu waren Fähigkeiten wie Entschlossenheit und Risikobereitschaft erforderlich. Männer mussten sich über große Entfernungen hinweg orientieren und gut zielen können.

Die Frauen kümmerten sich um den Nachwuchs, fertigten Kleidung und sammelten Nahrung; dies verlangte Umsicht und Fürsorge. Sie entwickelten feinmotorische Fähigkeiten und mussten aufmerksam gegenüber Veränderungen in der Umwelt und ihrer Kinder sein. Während die Männer auf der Jagd jedes Geräusch vermeiden mussten, konnten Frauen im Lager die Sprache weiterentwickeln. Männer beherrschten den Außenraum, während Frauen vornehmlich auf den häuslichen Bereich beschränkt waren.

Das Kennzeichen des christlichen Abendlandes, und dieses beginnt schon mit dem Zusammenbruch der matriachalen Kulturen der frühen griechischen Welt, ist die Herrschaft von Männern.

Gefestigt wurde die Männerherrschaft zum Beispiel durch die Vorstellung von Evas Verführung, welche die Vorstellung der weiblichen Verworfenheit begründete. Daher verhinderten Männer Jahrhunderte lang, dass Frauen unabhängig handelten in Bezug auf eigenen Besitz (Frage des Erbrechts), die Wahl des Sexualpartners und die Teilnahme am politischen Leben. Der Klerus berief sich lange Zeit auf die Bibel, um die politische, juristische, wirtschaftliche und psychologische Unterdrückung der Frau aufrechtzuerhalten – zum Beispiel im Kampf gegen das Frauenstimmrecht oder die Berufsausbildung von Mädchen.

Das Heraushalten des Weiblichen aus der aktiven Gestaltung der Gesellschaft prägte das soziale Leben.

Die soziale Komponente

Nach Ansicht von Sozialwissenschaftlern entsteht geschlechtsspezifisches Verhalten durch unterschiedliche Erziehung während der Kindheit, die schon kurz nach der Geburt beginnt:

- Studien belegen, dass Jungen häufiger auf den Arm genommen werden, während mit Mädchen mehr gesprochen wird.
- Bestimmte geschlechtsspezifische Eigenschaften, wie männliches Selbstbewusstsein und weibliche Fürsorge, sind anerzogen.
- Gesellschaftliche Vorstellungen von Weiblichkeit und Männlichkeit bestimmen das tägliche Handeln und führen über die Rollenaufteilung der Eltern zu einer traditionellen Geschlechtsrollenorientierung bei Kindern.
- Das männliche Rollenmodell zielt auf Dominanz, Autonomie und Leistungsbezogenheit.
- Das weibliche Rollenmodell stellt die soziale Komponente und die Beziehungsfähigkeit sowie Fürsorge in den Vordergrund.

Auch Berufe sind einer geschlechtsspezifischen Kategorisierung unterworfen (Geisteswissenschaften und Soziales gegenüber Naturwissenschaft und Technik). In «männlichen» Berufssparten wird Männern unterstellt, dass sie die erforderlichen Eigenschaften besitzen, während Frauen sich erst beweisen müssen (zum Beispiel im Militär).

Diese soziale Geschlechtsnormierung hat Folgen: So werden Frauen in Führungspositionen oft sogar negativ bewertet, wenn sie ein stereotyp männliches Verhalten und große Durchsetzungskraft zeigen – was zu einer No-win-Situation für Frauen führt. Denn wenn sie als wenig durchsetzungsfähig gelten, erachtet man sie für ungeeignet. Demonstrieren sie jedoch diese Stärke, riskieren sie Abwertung, weil sie die Geschlechtsnorm verletzen.

Traditionelle Rollenbilder prägen auch heute noch das problematische Verhältnis von Frauen zur Macht. Barbara Bierach, Autorin des Bestsellers «Das dämliche Geschlecht – Warum es kaum Frauen im Management gibt», stellt fest: «Frauen mit Macht stoßen auf Widerstände und bekommen dann Angst, fühlen sich schuldig, leiden darunter, exponiert zu sein, als stärker wahr genommen zu werden.»

Der Hauptgrund für diese Erfolgsangst liegt darin begründet, dass Frauen befürchten, Erfolg im Beruf gefährde ihre Beziehung zu Männern. Weiblichkeit wird hierbei oft definiert als das, «was jemand für andere tut». Weiblicher Ehrgeiz wird sozial nur anerkannt, sofern die Bedürfnisse der Familie befriedigt sind. Dies gilt in besonderem Maße in Deutschland, wo Frauen in Führungspositionen im europäischen Vergleich deutlich unterrepräsentiert sind. Die Wahrnehmung und Bewertung von Führungsverhalten ist also eng mit der Wahrnehmung des geschlechtlichen Verhaltens und den Erwartungen an die Geschlechterrollen verknüpft. Diese Erwartungen sind zum größten Teil unbewusst und dadurch besonders machtvoll.

Wozu brauchen wir die Synergien der Geschlechter in Unternehmen?

In den heutigen flexiblen Organisationsstrukturen, vorwiegend Matrix-Strukturen, reicht ein männliches Konkurrieren um den ersten Platz in der Hackordnung nicht aus. Vor allem wenn sich die Ziele und Rahmenbedingungen laufend verändern, ist eine klare Zielfokussierung mit Tunnelblick nicht mehr ausreichend, sonst gerät man in die Falle der Eindimensionalität. Das Organigramm besteht also heute nicht mehr aus fixen Rollen, starren Regularien und festen Rangordnungen. Vielmehr sind in vernetzten und flexiblen Organisationen eher weibliche Qualitäten gefordert:

- ein flexibles Anpassen an unterschiedliche Situationen und Menschen,
- die hohe Kunst der Improvisation, vergleichbar mit der Improvisationskunst im Jazz,
- emotionale Überzeugungskraft, um Menschen zu gewinnen, wenn per Organigramm keine Sanktionsmöglichkeiten vorliegen,
- eine hohe Sensitivität für Gruppenprozesse und Einzelne sowie besonders gute Kommunikationsfähigkeiten, ein Panoramablick statt Tunnelblick, die gleichzeitige Nutzung der linken (sequenziellen und rationalen) wie rechten (assoziativen und intuitiven) Hirnhälfte sowie Konsequenz und Nachhaltigkeit.

Damit Frauen ihre Qualitäten stärker einbringen können, sollten sie zunächst die Spielregeln der Männer erkennen, wie zum Beispiel den Umgang mit Macht. Bauen sie zugleich ihre weiblichen Stärken aus, dann stehen ihnen ungleich höhere Ressourcen zur Verfügung.

Es geht nicht um ein Entweder-oder (ersetzen), sondern ein Sowohl-als-auch (ergänzen). Als Führungskraft in anspruchsvollen Kontexten mit komplexen Herausforderungen benötige ich sowohl eine Zielorientierung in Verbindung mit einem eher männlichen, tunnelblickartigen Fokus als auch einen prozessorientierten, weiblichen Weitwinkel- beziehungsweise Panoramablick, der soziale und kommunikative Signale registriert. Sowohl die männliche, spielerische Risikobereitschaft und Erfolgsorientierung als auch die weibliche, schützende und bewahrende Qualität, gepaart mit einem praktischen Sinn für Realitäten, sind wichtig.

Der männliche und weibliche Anteil können viel voneinander lernen, wenn gegenseitiger Respekt und Wertschätzung vorliegen. Beispielsweise könnten die Frauen lernen, sich besser durchzusetzen, mit Konflikten umzugehen und sich optimiert zu verkaufen. Männer könnten lernen, ihre Mitarbeiter auch emotional an sich und das Unternehmen zu binden und diese für sich sowie für die eigenen Ziele zu gewinnen.

Für eine Veränderung in diese Richtung müssen beide Geschlechter alte Verhaltensweisen hinter sich lassen: Weder das männliche Statusbewusstsein und Imponiergehabe noch die weibliche Harmonieorientierung und bequeme Opfermacht sind förderlich für einen erforderlichen Führungsstil.

Idealerweise ist eine Führungskraft in der heutigen Zeit dazu in der Lage, sowohl auf ihre männlichen wie auch weiblichen Ressourcen zurückzugreifen, je nach den Erfordernissen des Kontextes. Wer beide Pole seines Geschlechtsverhaltens gleichermaßen trainiert und bewusst lebt, kann stärker alle seine Fähigkeiten leben und zielführend nutzen.

Hier haben wir übrigens einen Punkt, an dem Menschen, die sich selbst coachen, an eine Grenze stoßen. Abstrakte Erkenntnis löst nicht automatisch eingefahrene Verhaltensmuster. Coaching bietet hingegen eine gute Möglichkeit, um sich mit den eigenen Stärken und Schwächen auseinander zu setzen: Ein Coach fungiert als neutraler Sparringspartner, der ungenutzte Potenziale freilegt sowie Leistung und Zufriedenheit, gezielt mit professioneller Unterstützung, steigert. Welche Möglichkeiten sich da ergeben, zeigt unser Fallbeispiel:

Helmuth U. fiel die zu treffende Personalentscheidung schwer. Um noch eine neutrale Perspektive in die Entscheidungsfindung zu integrieren, beauftragte er mich als Coach. Das Vorgehen bestand darin, zunächst mit ihm die Anforderungskriterien für die zu besetzende Position zu konkretisieren und einen Ablauf für ein ganztägiges Einzel-Assessment als Auswahlverfahren zu besprechen.

Beide Kandidaten durchliefen nacheinander das gleiche Einzel-Assessment und wurden von zwei Coachs beurteilt. Als zweiten Coach holte ich einen männlichen Kollegen hinzu, und wir führten unsere Beurteilungen zunächst unabhängig voneinander durch.

Wir stellten fest, dass beide Kandidaten noch Lernbedarf hatten, um den an sie gestellten Anforderungen gerecht zu werden. Die Frau musste zum Beispiel lernen, sich auch gegen Widerstand durchzusetzen und klarer Stellung zu beziehen. Stärken hatte die weibliche Kandidatin im Bereich der Soft Skills.

Der männliche Kandidat stellte den Hardliner mit genügend Durchsetzungsvermögen dar. Sein Lernbedarf bestand darin, sensibler auf sein Umfeld zu achten und sensitiver auf machtpolitische Strömungen innerhalb des Konzerns zu reagieren. Das berufliche Umfeld erforderte in hohem Maße ein zwischenmenschliches Fingerspitzengefühl im Umgang mit unterschiedlichen Machtinteressen.

Die weibliche Kandidatin wirkte im Feedback-Gespräch weitaus lernwilliger als ihr Kollege. Da die Position bereits in zwei Monaten zu besetzen war, fiel die Empfehlung und Entscheidung auf die weibliche Kandidatin.

«Drei Eigenschaften braucht, wer Menschen führen will: Menschlichkeit, Klarheit, Mut.»

(Fushan Yuan)

Eros der Macht –
Potenzen auf dem Prüfstand

Werte und Verhalten im Top-Management

Georg K. hatte sich sehr auf die neuen Herausforderungen gefreut: Chairman für Nordeuropa in einem internationalen Großkonzern. An ihn berichteten in der neuen Funktion die Landesgeschäftsführer von Norwegen, Schweden, Dänemark und Finnland. Endlich konnte er sich vorwiegend mit strategischen Fragen und Visionen beschäftigen. In den ersten Monaten hatte er sich kurz mit seinen Untergebenen über die zu erreichenden Ziele ausgetauscht und sich dann intensiv in die neuen Märkte eingearbeitet. Die neuen Möglichkeiten der Einflussnahme faszinierten ihn. Er vermied es bewusst, zu viel Kontakt zu den Mitarbeitern aufzubauen, da er gerne viel Freiraum geben wollte. So konnte jeder eigenständig arbeiten und effizient die vereinbarten Ziele erreichen.

Umso erstaunter reagierte er, als die Zentrale ihn mit Beschwerden über ihn seitens der ihm unterstellten Mannschaft konfrontierte. Angeblich sei er für sie «nicht sichtbar» und kümmere sich nicht ausreichend um ihre Probleme. Dabei hatte er Tag und Nacht an neuen strategischen Optionen für das Unternehmen gearbeitet und war auch schon sehr weit gekommen. Die Belegschaft sollte doch froh sein, dass er sich so für das Unternehmen einsetzte und zugleich größten Wert auf die Autonomie und Selbstständigkeit der Untergebenen legte. Schließlich brachte er dadurch, dass er eben nicht ständig allen über die Schulter schaute, den anderen großes Vertrauen entgegen. Er fragte sich ernsthaft, was er wohl hätte besser machen können.

Angeblich waren die Beschwerden über ihn auch seinen Kollegen in den anderen Regionen zu Ohren gekommen, und diese versuchten ihn deshalb zu stürzen. Die negativen Gerüchte über ihn wurden anscheinend auf indirekte Art und Weise heftig geschürt. Warum sprach man nicht direkt mit ihm? Hatte er etwa trotz seiner hohen Intelligenz etwas Wesentliches übersehen?

Es geht vielen Menschen so, dass sie an bewährten Erfolgsfaktoren ein Leben lang festhalten. Jedoch ist es wichtig, regelmäßig zu überprüfen, ob die bisherigen Strategien noch adäquat sind. Der zurückliegende Karriereaufstieg mag noch das Ergebnis von Erfolgen, Leistung, Fachkompetenz, Arbeitseinsatz und Kontakten sein. Im Top-Management ändern sich aber die Spielregeln. Leistung gilt als erwiesen, und es geht um andere Faktoren. Es kann sogar so weit gehen, dass die Qualitäten, die Managerinnen und Manager bis in das mittlere Management gebracht haben, jetzt den Erfolg im Top-Management verhindern. Nun geht es vielmehr darum, welches Führungsverhalten an der Spitze Tempo und Qualität der Teams steigert, Talente freisetzt, Kompetenz sowie Glaubwürdigkeit des operativen Managements erhöht und Bindung wie auch Begeisterung der Angestellten schafft. Jedoch geht es im Top-Management vor allem um den Umgang mit Macht.

Georg K. hat tatsächlich wesentliche Aspekte für seinen Erfolg übersehen:

Den ersten Fehler machte er in Bezug auf seine Mitarbeiter. Jeder Mitarbeiter hat ein Recht auf Führung. Wesentliche Grundfunktionen der Führung sind:

a) die Kohäsion, das heißt die Herbeiführung und Aufrechterhaltung der Stabilität der Gruppe durch ein Gespür für das Verhalten von Individuen und Gruppen, und
b) die Lokomotion, das heißt die Beeinflussung der Gruppe zum Erreichen des Gruppenziels durch ein flexibles Einstellen auf wechselnde Situationen.

Die Mitarbeiter von Georg K. reagierten vermutlich mit Missmut, Enttäuschung und dem Gefühl mangelnder Wertschätzung beziehungsweise Fürsorge auf Grund der unzureichenden Kohäsion durch die Führung. Das Entlassen der Mitarbeiter in die Autonomie ist ein Prozess und erfordert den richtigen Zeitpunkt in Abhängigkeit von der individuellen Reife. Stellen Sie sich vor, was passiert, wenn man ein dreijähriges Kind den ganzen Tag allein lässt,

um ihm Freiraum zu gewähren, und was passiert, wenn man einen Fünfzehnjährigen ständig beaufsichtigt.
Zum anderen hat er in Bezug auf das Top-Management nicht begriffen, worauf es ankommt: In den obersten Führungsetagen geht es vorwiegend um die Sicherung und Steigerung der eigenen Macht, um dauerhaft Einfluss nehmen zu können. Da die besten Plätze knapp und heiß begehrt sind, entsteht ein permanenter Kampf, in dem es Gewinner und Verlierer gibt. Wenn ein Einzelner mehr Macht bekommt, wird einem anderen meist etwas Macht genommen. Zudem ist es wichtig, die Spielregeln zu kennen und gute Verbündete in Form von Kontakten zu haben. Gute Netzwerke sind sehr wichtig bei dem Streben nach Macht.

Georg K. hätte beim Antritt der neuen Position ein Kick-off-Meeting mit der jeweiligen Belegschaft vor Ort veranstalten sollen, um sich vorzustellen und die eigenen Erwartungen, Ziele und Vorgehensweisen zu kommunizieren. Er hätte Einzelgespräche mit den für ihn wichtigen Ansprechpartnern und direkt unterstellten Mitarbeitern führen sollen, um diese besser kennen zu lernen und deren Erwartungen herauszufinden.

Weiterhin wäre es klug gewesen, sich Vorschläge und Meinungen einzuholen, was verbessert werden sollte und was gut läuft. Regelmäßige Einzelgespräche mit seinen direkt unterstellten Mitarbeitern in Form von Routinen sowie gemeinsame Meetings schien er auch unzureichend genutzt zu haben, um eine konsequente Zielerreichung sicherzustellen und aktuelle Stimmungen und Erwartungen zu erfahren.

Georg K. hatte sich zu einseitig auf die strategischen Themen fokussiert und den Kontakt zu der Mannschaft sowie den relevanten Netzwerken vernachlässigt. Darüber hinaus hatte er sich zu wenig mit der Wertekultur und dem daraus resultierenden Verhaltenskodex des Top-Managements beschäftigt, um sich im Hinblick auf die veränderten Anforderungen angemessen zu verhalten.

Das Top-Management (etwa ab der Ebene Hauptabteilungsleiter) ist im Vergleich zu dem mittleren Management durch eine unterschiedliche Wertekultur geprägt.

Die folgende, das Gesagte ergänzende Darstellung ist eine Annäherung auf der Basis systematisch analysierter Coaching-Beziehungen im mittleren und oberen Management durch Elverfeldt Coaching:

I. Die P-Kultur des Top-Managements:	**II. Die T-Kultur des mittleren Managements:**
• Power, Perception & Personal Benefits	• Team, Trust & To Do
• Grundwerte: Streben nach persönlicher Macht, Reputation und Einfluss	• Grundwerte: wollen einen sinnvollen Beitrag leisten und Anerkennung dafür
• Individualistische Grundprägung: vorwiegend Einzelkämpfer	• Teamorientierte Grundprägung: vorwiegend Kooperation
• Form geht vor Inhalt (Schein)	• Inhalt geht vor Form (Sein)
• Fokus: Image, Netzwerke	• Fokus: fachliche Inhalte, Aufgaben
• Misstrauen	• Vertrauen
• Sprache: indirekt	• Sprache: direkt
• Häufiges Verhaltensmuster untereinander: berechnend-konkurrierend	• Häufiges Verhaltensmuster untereinander: kooperativ-aufgabenorientiert
• Sozialverhalten: auf kalkulierte Netzwerke und «Bündelung» ausgerichtet	• Sozialverhalten: auf persönliche und kameradschaftliche Beziehungen ausgerichtet

Da sich die Werte und Kommunikation zwischen dem Top-Management und den folgenden Ebenen unterscheiden, besteht die hohe Kunst der Führung in einem Unternehmen darin, diese Unterschiede zu einem Ganzen zusammenzuführen. Es ist wichtig, dass der Dialog zwischen beiden Wertekulturen innerhalb eines Unternehmens gepflegt wird. Dies setzt die Kenntnis der unterschiedlichen Verhaltensweisen, Kommunikationsmuster sowie Erwartungshaltungen voraus und erfordert somit eine gewisse «interkulturelle Kompetenz». Es ist wichtig, beide Sprachen zu beherrschen, um je nach Zielgruppe sinnvoll agieren zu können.

Insbesondere das Top-Management ist häufig isoliert, was die Gefahr birgt, dass wesentliche Botschaften und Signale nicht oben ankommen. Diese Isolation entsteht aus folgenden Gründen:

1. *Isolierung durch fehlendes Feedback:* Je höher die Hierarchieebene, desto seltener wird ehrliches und offenes Feedback.
2. *Isolierung durch Anpassung und vorauseilenden Gehorsam:* Das Top-Management genießt eine besonders starke Aufmerksamkeit, und jedes Verhalten wird seitens der Belegschaft bedeutungsvoll interpretiert. Wenn Top-Manager als Personen distanziert und nahezu perfekt erscheinen, brauchen sie eine spezielle Schulung, um die Schattenseiten ihrer Fähigkeiten zu erkennen und sie angemessen zu steuern. So kann eine Nebenwirkung sein, dass keiner sich traut, Risiken einzugehen oder gar Fehler zuzugeben, und damit die Chance verpasst, Neues zu lernen.
3. *Isolierung durch einseitiges Handeln auf der Aufgabenebene,* wie bei Georg K. demonstriert.
4. *Isolierung durch fehlende emotionale Bindung und mangelnden Austausch:* Da im Dschungel der Macht eher Konkurrenz und Misstrauen herrschen, fehlt der offene Austausch, in dem auch Unsicherheiten und Ängste angesprochen werden können. Die Vereinsamung nimmt in den oberen Hierarchien zu, auch wenn

jeder Mensch auf Dialog und Beziehung hin angelegt ist. Oft bringen Top-Manager eine gewisse Angst vor Nähe mit, welche mit den Gegebenheiten der Rolle – Einsamkeit – eine verhängnisvolle Allianz eingeht. Dadurch entsteht leicht eine von Feindseligkeit, Misstrauen und Vorsicht geprägte Unternehmenskultur, in der Innovation, Risikobereitschaft und Verantwortungsübernahme systematisch abnehmen.

Top-Manager brauchen eine von Offenheit und Ehrlichkeit geprägte Kommunikation mit ihrem Umfeld, um Unternehmen und Organisationen gut steuern zu können und selbst gesund zu bleiben. Diese Kommunikation jedoch gefährdet, zumal Macht davon lebt, andere im Ungewissen zu lassen. Sowohl Autonomie als auch Bindung und Verbindung sind jedoch wichtig. Eine Veränderung der Machtelite ist nicht leicht, da diese Kreise, vergleichbar mit dem ehemaligen Adelsstand, in der Regel eine gewisse Distanz kultivieren sowie hermetische Zugangscodes und Rituale pflegen.

Ein externer und möglichst neutraler Sparringspartner wie zum Beispiel ein professioneller Coach ist besonders auf diesen Ebenen zu empfehlen.

«Willst Du den Charakter eines Menschen erkennen, so gib ihm Macht.»

(Abraham Lincoln)

Work-Life-Balance? – Das letzte Wort

Ein entschiedenes Vielleicht

Frau Dr. Sabine B. stand vor einer schwierigen und wichtigen Entscheidung: Sie war ungeplant schwanger und konnte mit Kind nicht genau so weiter arbeiten wie bisher, denn eine permanente Erreichbarkeit und Verfügbarkeit in ihrer Funktion als Produktionsleiterin war unabdingbar. Sollte sie eine für sie weniger spannende Aufgabe im Unternehmen mit geringerer Verantwortung und überschaubaren Arbeitszeiten übernehmen, um Zeit für ihr Kind zu finden? Oder sollte sie die Obhut des Babys einer anderen Person anvertrauen? In jedem Fall wollte sie weiter arbeiten, zumal sie vom Einkommen des Mannes nicht ganz so gut hätten leben können.

Ständig kam das Thema «Work-Life-Balance» zur Sprache, jedoch hatte sie nicht den Eindruck, dass eine befriedigende Balance möglich war. Letztendlich musste sie sich entscheiden: Karriere oder Kind? Eigentlich wollte sie beides. Aber wie sollte das gehen?

Ihre Entscheidung wurde durch das berufliche Umfeld auch nicht gerade erleichtert. Die männlichen Kollegen konnten gar nicht verstehen, warum sie mit dem Kind nicht ganz zu Hause bleiben wolle. Sie zeigten sich im Hinblick auf das Baby regelrecht besorgt und versuchten, ihr ständig ein schlechtes Gewissen zu machen. Wieso gibt es eigentlich nur in der deutschen Sprache das Wort «Rabenmutter»?

In Frankreich beispielsweise wäre das Thema Karriere und Kind einfach und akzeptiert. Wie sollte sie sich also entscheiden? Wenn sie ihre verantwortungsvolle Funktion behalten wollte, hatte sie tatsächlich keine Zeit für das Kind und konnte unmöglich feste Zeiten einhalten, da sie ja bei einem Notfall in der Produktion jederzeit verfügbar sein musste. Sie wollte ihr Baby doch nicht auf Abruf allein lassen, sobald es bei der Arbeit ein Problem gab. Ob sie es einfach mitnehmen könnte? Aber das wollte sie dem Kind auch nicht antun.

Was wäre, wenn sie eine andere Funktion im Unternehmen übernehmen würde – mit fixen und kürzeren Arbeitszeiten (Gleitzeit)? So ließe sich alles zeitlich besser organisieren, und sie könnte leichter auf Abruf nach Hause fahren, falls es mit dem Kind ein Problem geben sollte. Sie könnte sich auch Arbeit mit nach Hause nehmen und erledigen, wenn das Baby schlief. Aber wäre sie wirklich glücklich mit so einer Schreibtischtätigkeit? Würde sie nicht die Nähe zur Produktion vermissen? Gerade die Arbeit direkt am Geschehen hatte ihr immer so viel Freude bereitet, und sie liebte es, bei Problemen aus dem Stand Lösungen zu finden und Feuerwehr zu spielen.

Könnte sie eine gute Mutter sein, wenn sie beruflich nicht ganz glücklich war? Würde womöglich das Kind Nachteile haben? Ihr Mann meinte, diese Wahl müsse sie selbst treffen und er wolle sie nicht beeinflussen, würde aber hinter ihr stehen. Am liebsten hätte sie die Entscheidung delegiert. Die Zeit drängte jedoch und erforderte eine Klärung und die zugehörige Verantwortung für die Folgen. Welche Prioritäten waren also zu setzen?

Sabine B. braucht eine klare Entscheidung, und diese hat ihren Preis. Gerade das Thema Work-Life-Balance erfordert Prioritäten und zu setzende Grenzen. Man ist auch nicht ein bisschen schwanger ...

Die Kunst solcher Entscheidungen liegt darin, sich rational, emotional und intuitiv mit den verschiedenen Alternativen zu beschäftigen. Damit erhöhen sich die Wahlmöglichkeiten, um vielleicht auf neue Lösungen zu kommen. Dabei spielt es eine große Rolle, welche Prioritäten man in der aktuellen Lebensphase hat. Diese Prioritäten können sich im Laufe des Lebens natürlich verändern. So bekommt beispielsweise das Thema Gesundheit nach einer schweren Krankheit einen ganz anderen Stellenwert. Ein wesentliches Fundament der Prioritäten sind die individuellen Werte eines Menschen.

Werte sind das für die Person Wünschbare, das für sie Wertvolle und Wichtige. Sie sind positiv besetzt, abstrakt, situationsübergreifend und emotional eingefärbt. Sie fungieren als innerer Kompass, steuern unser Denken und Handeln und geben Orientierung.

Werte sind zum Beispiel: Freiheit, Sicherheit, Liebe, Ehrgeiz, Macht, Leistung, Engagement, Familienbindung, Dinge bewegen, Vertrauen, Gerechtigkeit, Frieden, Selbstverwirklichung, Kreativität, Tradition, Ästhetik, Helfen/Selbstaufgabe, Gesundheit, Gefühlsbindung, Herausforderung, Anerkennung, Intelligenz, Weisheit, Wahrheit, Humor und so weiter.

Wer im Einklang mit seinen Werten lebt, fühlt sich innerlich zufrieden und erfüllt. Daher ist es hilfreich, sich der eigenen Werte bewusst zu werden, zum Beispiel durch die Frage: «Mein Leben wäre völlig sinnlos ohne…» Werte sind etwas Wesentliches und drücken sich daher auch im Wesen einer Person aus. So könnte Frau Dr. Sabine B. für ihr Leben zum Beispiel die folgenden fünf Werte als besonders wichtig ansehen:

1. Familie,
2. Freiheit,
3. Selbstverwirklichung,
4. Dinge bewegen und
5. Liebe.

Nachdem sie ihre persönlichen Werte identifiziert hat, könnte sie für sich überprüfen, bei welcher Entscheidungsalternative sie am ehesten ein Optimum ihrer Werte in einer möglichst hohen Ausprägung leben kann.

Das Ausmaß eines Wertes lässt sich am besten in Prozentzahlen von Null bis 100 ausdrücken. Es wird vielleicht nicht immer möglich sein, alle Werte zugleich und zu 100 Prozent zu leben. Wenn die eigenen Werte zu weniger als 50 Prozent verwirklicht werden, ist dies meist ein Indiz für ein relativ unzufriedenes Dasein.

Nachdem alle Entscheidungsalternativen rational bewertet und im Hinblick auf die eigenen Werte bezogen sind, ist es wichtig, auf die innere Stimme zu hören, während man sich gedanklich die Alternativen einzeln vorstellt. Dabei hat jede zu treffende Entscheidung Vorteile (Nutzen) sowie Nachteile, also einen Preis (Kosten). Wer sich für das eine entscheidet, muss dafür etwas anderes loslassen. Wenn Frau Dr. Sabine B. mehr Zeit mit ihrem Kind und ihrem Mann verbringen will, dann geht das auf Kosten von Zeit für etwas anderes wie zum Beispiel Beruf, Hobby, Freunde, Zeit für sich selbst oder Schlaf.

Wer zur Entscheidungsfindung den Rat anderer Personen sucht, der sollte sich vergewissern, ob die andere Person sich zu diesem Thema neutral verhält oder bei der Beratung selbst ein Eigeninteresse verfolgt.

Sobald eine Entscheidung fällt, ist es wichtig, sich immer wieder klar zu machen, dass sie auf der eigenen Entscheidungsfähigkeit beruht und die Konsequenzen bewusst zu akzeptieren sind. Die Entscheidung für eine bestimmte berufliche Tätigkeit schließt ein, dass es dabei immer Tätigkeiten geben wird, die weniger attraktiv sind. In einem solchen Fall gilt, sich zu erinnern, dass es die eigene Wahl war – oder sich notfalls neu zu entscheiden.

Je mehr man sich gegen die Konsequenzen einer Entscheidung wehrt, umso mehr Kraft und Energie verschwendet man durch dieses Verhalten. Die Akzeptanz der Konsequenzen ist daher eine ganz bewusste Entscheidung. Sie haben immer die Wahl: «Change it, love or leave it – but do not complain» (Reinhard R. Sprenger).

Vorgehen bei wichtigen und schwierigen Entscheidungen

1. Ist es wirklich der richtige Zeitpunkt, um diese Entscheidung zu treffen? Viele Menschen machen sich unnötigerweise viele Gedanken über Eventualitäten, die nie eintreffen werden. So verschwenden sie nur unnötig Zeit und Energie beim Grübeln darüber, was wäre wenn ... mein Chef mir kündigt, ich ein behindertes Kind hätte, ich einen schweren Unfall hätte ... Diese Art von Gedanken ist wenig aufbauend und blockiert einen selbst. Dabei kommt es darauf an, sein eigenes Optimum zu erreichen.

2. Welche Wahlmöglichkeiten habe ich tatsächlich? Erkenne ich alle meine Möglichkeiten? Welche Alternativen würden einer anderen Person in meiner Situation noch einfallen? Verfüge ich über die notwendigen Informationen?
3. Wer ist direkt oder indirekt durch meine Entscheidung betroffen? Inwiefern möchte ich diese Auswirkungen bei meiner Wahl berücksichtigen?
4. Was sind die für mich relevanten Kriterien zur Entscheidungsfindung und Beschlussfassung (decision making)
   a) rational
   b) emotional
   c) intuitiv (innere Stimme) und
   d) auf Basis meiner persönlichen Werte?
5. Welche Prioritäten setze ich zur Zeit in meinem Leben? Was bedeutet dies für meine zu treffende Entscheidung?
   Auf Basis meiner relevanten Kriterien sowie Prioritäten erscheint mir welche Alternative in Bezug auf einen Vergleich der Vorteile (Nutzen) mit den Nachteilen (Kosten) am günstigsten?
6. Sobald ich meine Entscheidung getroffen habe, wie stelle ich sicher, dass ich mich immer wieder daran erinnere, dass dies meine Wahl war mit all den daraus resultierenden Konsequenzen? Ich übernehme bewusst die Verantwortung für meine Entscheidung und deren positive wie negative Auswirkungen. So ist es für Frau Dr. Sabine B. wichtig, bewusst zu ihrer Wahl täglich aufs Neue zu stehen.

Meine persönliche Meinung zum Thema Work-Life-Balance: Es wird immer ein Kompromiss sein müssen. Man kann nicht gleichzeitig allen Anforderungen des Umfeldes sowie den eigenen Wünschen gerecht werden. Umso wichtiger ist es, sich bewusst für eine Alternative zu entscheiden – auf Kosten einer anderen. So gesehen, gibt es nur eine ganz individuelle persönliche Balance, die sich dem

Zielbild nähert. Zudem ändern sich die Umstände und Prioritäten im Laufe des Lebens und erfordern neue Entscheidungen. Sobald Sie eine Wahl getroffen haben, bleiben Sie konsequent, stehen Sie dazu und übernehmen bewusst dafür die Verantwortung. Akzeptieren Sie die Konsequenzen, die Sie nicht ändern können, und lernen Sie diese zu lieben.

Nachklang

Was man mit der Macht macht

Wie viel Zeit investieren Sie in Ihre persönliche Weiterentwicklung? Nutzen Sie die eigene Macht, Ressourcen und Potenziale vollständig und verantwortungsbewusst aus? Und wenn ja, wozu?

Zentrale Fragen im Management lauten: Wer schaut wohin – und welcher blinde Fleck entsteht dadurch? Wer unterstellt wem welche Intentionen? Wer bewertet was wie? Welche Handlungen oder Entscheidungen ergeben sich daraus? Durch individuelle Fokussierung der Aufmerksamkeit auf bestimmte Phänomene, deren Deutung und daraus folgende Bewertung konstruieren Sie sich Wirklichkeit. Je bewusster Sie sich über eigene Mechanismen, Erfolgsfaktoren sowie Hindernisse, Stärken und Schwächen sind, desto leichter können Sie die Reaktionen Ihres Umfeldes vorhersehen und beeinflussen: Selbstreflexion ist eine hilfreiche Basis der Selbststeuerung und Entfaltung der Persönlichkeit.

Sie haben nun einige wesentliche Fragestellungen und individuelle Lösungsmöglichkeiten für Ihre persönliche Weiterentwicklung kennen gelernt. Vielleicht regen diese zu neuen Fragen und Denkprozessen an. Wenn Sie auch nur einzelne Passagen genießen und gut verdauen konnten, so hat sich doch die Lektüre gelohnt. Falls dem nicht so wäre, stellt sich die Frage, wozu Sie das Nachwort lesen.

Grenzen des Selbstcoaching

Ein allerletztes Wort ist noch notwendig, die Behandlung der Frage nämlich, wo die Grenzen des Selbstcoaching liegen. Mir ist bewusst, dass ein Buch sicher nie ein Coaching ersetzen kann. Auch Skifahren lernen Sie nicht nur durch Bücher. Die Praxis sowie professionelle Anleitung ist hilfreich, um gezielt Fortschritte zu erfahren und konsequent am Ball zu bleiben.

Jedoch hilft Ihnen ein Buch mit Hinweisen und Anregungen, in welchen Bereichen Sie Ihr Potenzial noch nicht ganz leben und wo vielleicht ein Entwicklungsbedarf besteht. Sie erhalten bereits erste Ansätze zur Bearbeitung.

Meine über zehnjährige Berufserfahrung als Coach zeigt mir immer wieder, dass Coaching relativ einfach funktioniert: über Energie. Schon Einstein hat erkannt, dass alles um uns herum reine Energie ist. Wir haben die Wahl, uns mit Dingen zu beschäftigen, die uns Energie kosten, oder aber mit Dingen, die uns mit zusätzlicher Energie versorgen und uns entsprechen.

Beim Coaching lernen Sie, wie Sie Dinge, die Sie Energie kosten, zu vermeiden und stattdessen wieder neue Energie zu tanken. Je mehr Energie Sie haben, desto mehr können Sie erreichen und desto besser geht es Ihnen dabei. Energie kostet Sie vielleicht Glaubensmuster wie: «Ich muss perfekt sein», «Bei mir muss alles schnell gehen», «Ich muss immer stark sein». Ebenso Energie raubend sind Ziele und Verhaltensmuster, die gar nicht unserem Wesenskern entsprechen, sondern Vorstellungen, denen wir meinen, entsprechen zu müssen.

In diesem Buch erhalten Sie erste Ansatzpunkte, wodurch Sie sich und Ihren Erfolg vielleicht selbst blockieren. Nur wenn ich mich mit meinen Stärken und Schwächen sowie Zielen, Erwartungen und Glaubensmustern selbst kenne, kann ich gezielt an meiner Entwicklung arbeiten. Durch Coaching können Sie Ihre persönlichen Stärken und Potenziale leichter erkennen und fördern, um das zu erreichen, was Sie sich wirklich wünschen und was zu Ihrem Wesenskern passt. Sich selbst kennen zu lernen ist ein lebenslanger Prozess.

Dabei ist Ihre Mitarbeit gefordert: Legen Sie sich ein persönliches Notizheft zurecht oder arbeiten Sie mit den Arbeitsblättern im Anhang. Anhand Ihrer Aufzeichnungen können Sie dann verfolgen, was Sie schon über sich gelernt haben und welche Fortschritte Sie machen. Lesen allein reicht nicht aus: nehmen Sie sich jede Woche ein bis zwei Themen oder Tipps vor, an denen Sie arbeiten wollen und befolgen Sie die Anleitungen am Ende der Kapitel.

Früher, noch vor meiner Karriere als Coach, habe ich gearbeitet, um Geld zu verdienen, Anerkennung zu erlangen und es gut zu machen. Heute ist mein Beruf meine Berufung, da er genau mir und meinen Stärken entspricht. So wie ein Maler um des Malens willen malt und nicht an Ruhestand denkt, so ist mein Beruf für mich zur Erfüllung geworden.

Dies für sich ebenso zu entdecken, Altlasten loszulassen und ganz zu der Persönlichkeit zu werden, die Sie vom Wesenskern her sind, wünsche ich Ihnen von Herzen!

Mit diesem Buch sollen meine Erfahrungen auch an jene Menschen weitergegeben werden, die vielleicht nicht das Geld oder die Zeit für ein persönliches Coaching haben. Wenn Sie über große Disziplin verfügen, können Sie auch mit einem Buch schon einiges erreichen.

Ein persönliches Coaching bietet Ihnen natürlich mehr als ein Selbstcoaching:

- Sie haben einen neutralen und professionellen Feedbackgeber, der Ihnen blinde Flecken und deren Konsequenzen behutsam sichtbar macht, ohne Sie zu bewerten.
- Sie haben einen neutralen und kompetenten Sparringspartner und eine Person Ihres Vertrauens, mit der Sie all die Themen

besprechen können, die Sie beruflich aktuell beschäftigen, um nach noch besseren Lösungen zu suchen.

- Sie bekommen einen gewissen Ansporn zu Umsetzung, Verbindlichkeit und Struktur, denn Ihr Coach wird regelmäßig nachfragen, was Sie verändert haben ...
- Sie haben jemanden, der Sie auf Ihrem Weg motiviert und anspornt.
- Sie besitzen einen terminierten Raum, um sich über zwei bis vier Stunden (Dauer eines Coaching-Geprächs, alle vier Wochen) mit den für Sie relevanten Themen am Stück zu beschäftigen und immer wieder am Ball zu bleiben (anstatt mal hin und wieder im Auto, unter der Dusche oder sonst wo Ihren Gedanken nachzuhängen, ohne sie konsequent bis zu einer Lösung zu verfolgen).

Falls Sie sich nun mit der Frage beschäftigen sollten, ob Coaching für Sie das Richtige sein könnte, finden Sie dazu im Anhang A einige Reflexionsfragen.

Wenn dieses Buch Ihnen bereits erste Impulse für Ihre weitere Entwicklung geben konnte, so würde mich dies freuen. Persönliche Entfaltung und Entwicklung ist ein lebenslanger Prozess, teils schmerzlich, teils freudig. Wer sich nicht bewegt, bleibt stehen in sich wandelnden Zeiten und steigenden Anforderungen. Lernen ist immer ein individueller Prozess, der nicht delegiert werden kann. Ich wünsche Ihnen viel Freude und Erfolg auf Ihrem Weg!

Im Ende liegt der Anfang und im Anfang liegt das Ende.
Doch sind beide im Fluss vom Ursprung zur Wende –
zu einem neuen Ende?

Anhang

A. Ist Coaching für Sie das Richtige?

- Zwischen dem, was ich bin und dem was ich sein will, besteht ein Unterschied. ja/nein

- Ich bin bereit und fähig, die erforderlichen Schritte zu einer Verbesserung zu gehen. ja/nein

- Ich bin bereit, Verhaltensweisen, durch die ich meinen Erfolg sabotiere, aufzugeben. ja/nein

- Ich bin bereit, neue Verhaltensweisen auszuprobieren, auch wenn ich noch nicht sicher sein kann, wie es ausgeht. ja/nein

- Ich wünsche mir mehr Energie bei der Arbeit. ja/nein

- Ich bin bereit, Zeit und Geld in mich und meine persönliche Weiterentwicklung zu investieren. ja/nein

- Ich bin interessiert an Feedback und neuen Perspektiven. ja/nein

- Ich kann mir vorstellen, dass ich noch nicht mein ganzes Potenzial lebe und ich noch neue Seiten an mir entdecken könnte. ja/nein

- Ich bin bereit, einem von mir gewählten Coach Vertrauen zu schenken. ja/nein

- Ich allein trage die Verantwortung für mein Leben und meine Entscheidungen. ja/nein

Wenn Sie mindestens 5 Fragen mit ja beantwortet haben, ist Coaching vielleicht das Richtige für Sie. Informationen über Coaches in Deutschland bzw. international finden Sie zum Beispiel unter:
www.coachfederation.de
beziehungsweise unter
www.coachfederation.com
oder
www.coaching-report.de.
Gerne können Sie sich auch unter
www.elverfeldt-coaching.com
informieren.

B. Typische Anlässe für Coaching

Vorwiegend geht es um den Umgang mit Veränderungen/Umstrukturierungen und die Verbesserung der Führungskompetenz sowie des Selbstmanagements.

- Wenn Sie zuviel zu tun und zu wenig Zeit haben.
- Wenn Sie vorwiegend nicht das tun, was Sie eigentlich wirklich wollen.
- Wenn Sie in einem Lebensbereich Erfolg haben, aber in anderen weniger.
- Wenn Ihnen einige Ergebnisse in Ihrem Leben missfallen.
- Wenn Sie keine Freude mehr an der Arbeit haben.
- Wenn Sie sich nicht weiterentwickeln.
- Wenn Sie sich häufig wundern über die Reaktionen Ihres Umfeldes.
- Wenn andere Ihnen gegenüber nicht so reagieren, wie Sie es erwarten.
- Wenn Sie nicht mehr sicher sind, ob das, was Sie tun, das ist, was Sie wollen.
- Wenn Sie wenig Personen haben, denen Sie vorbehaltlos vertrauen können und die Ihnen ohne eigene Interessen Ihre Meinung sagen.
- Wenn Sie nicht immer sicher sind, ob Sie die richtigen Entscheidungen treffen.
- Wenn Sie immer wieder in Konflikte geraten.
- Wenn Sie die Machtspiele in der Firma nicht durchschauen und dadurch Nachteile haben könnten.
- Wenn Sie sich selbst besser verkaufen lernen wollen.
- Wenn Sie besser mit Konflikten umgehen lernen möchten.
- Wenn Sie einen neutralen und professionellen Feedbackgeber und Sparingspartner suchen.

- Wenn Sie gelassener mit Gefühlen und Situationen umgehen wollen.
- Wenn Sie Ihrer Führungsrolle noch besser gerecht werden möchten.
- Wenn Sie sich selbst besser kennen lernen möchten, um sich gezielter weiterzuentwickeln.
- Wenn Sie sich bewusster darüber sein möchten, was Sie durch Ihr Verhalten bei anderen auslösen, um dieses gegebenenfalls zu modifizieren und andere Reaktionen im Umfeld zu bewirken.

C. Nutzen von Coaching

Es gibt heute kein DAX-30-Unternehmen mehr, welches auf Coaching verzichtet. Coaching führt nachweislich unter anderem zu folgenden Ergebnissen:

- Steigerung von Souveränität und Gelassenheit, gefestigte Persönlichkeiten;
- besseres verstehen und nutzen der internen «Politiken» im Unternehmen;
- gezielte Nutzung der eigenen Potenziale, verbesserte Selbstkenntnis und Selbstreflexion;
- erhöhte Effizienz, bessere Menschenkenntnis und ein vertieftes Verstehen und elegantes Beeinflussen von Menschen, Situationen und Prozessen;
- eine professionellere Führung durch besseres Nutzen der «Humanressourcen»;
- einen frischen und zugleich kritischen Blick auf das Unternehmen;
- positive Stimmung und glaubwürdige Ausstrahlung, mehr Authentizität;
- treffsichere Lagebeurteilung und schnelle, sichere Entscheidungen;
- optimales Ausnutzen der persönlichen Zeit, hoher Wirkungsgrad der persönlichen Aktivitäten;
- vertieftes Verstehen und gekonntes Beeinflussen von individuellen und unternehmenskulturellen Veränderungsprozessen;
- mehr Klarheit in Bezug auf die eigenen Werte, Ziele und Wünsche;
- leichterer Umgang mit Ziel- und Rollenkonflikten;
- Erhöhung der Leistung und Energie;
- mehr Freude bei der Arbeit.

Quelle: Echter, Dorothee: «Coaching im Top-Management». In Rauen, Christopher: Handbuch Coaching, Göttingen, 2002.

In der umfangreichsten Studie zu Coaching (2004) geben Personalentwickler und Führungskräfte Coaching sehr gute Noten:

- 99 Prozent haben eine positive Einstellung zu Coaching.
- 96 Prozent der Befragten halten Coaching für «effektiv», davon 58 Prozent für «sehr effektiv».
- Coaching wird vor allem für sehr geeignet gehalten, um Führungskompetenz zu verbessern (70 Prozent), um Umstrukturierungen besser zu bewältigen (58 Prozent) und bei Arbeitsplatzwechsel (56 Prozent).

Quelle: Studie «Bedeutung und Einsatz von Coaching in der Personalentwicklung» der PEF Privatuniversität für Management, 2004. Studie zu beziehen unter: www.pef.at/news.aspx.

D. Mein Stärken-und-Schwächen-Profil

1. Meine Stärken – Was mir leicht fällt und Freude macht:

2. Wie kann ich meine Stärken gezielter nutzen:

3. Meine Schwächen – Was mir schwer fällt und mich anstrengt:

4. Entwicklungsthemen: Wie kann ich meine Schwächen schwächen oder aber als Ressourcen nutzen?

Persönliche Notizen:

E. Gefühlstagebuch

1. Wann und in welchen Situationen geht es Ihnen besonders gut?

2. Wann und in welchen Situationen geht es Ihnen weniger gut?

3. Was hilft Ihnen, wenn Sie sich nicht so gut fühlen?

4. Was sind Ihre «Tankstellen» für neue Energie?

5. Welche gefühlsmäßigen Momente werden später einmal als Wende- und Höhepunkte Ihres persönlichen Erfolgs in Ihren Memoiren stehen?

Persönliche Notizen:

F. Powerfragen – So steigern Sie Ihre Energie

1. Was macht Ihnen am meisten Freude bei der Arbeit?

2. Was macht Sie glücklich?

3. Worauf sind Sie besonders stolz in Ihrem Leben?

4. Was ist aufregend in Ihrem Leben?

5. Wen oder was lieben Sie?

6. Wer oder was liebt Sie oder braucht Sie?

7. Wofür und wem sind Sie dankbar?

G. Literaturverzeichnis

Assig, Dorothea: Frauen in Führungspositionen. München: dtv, 2001.

Bachofen, Johann Jacob: Das Mutterrecht. Frankfurt/M.: Suhrkamp, 1993.

Bierach, Barbara: Das dämliche Geschlecht – Warum es kaum Frauen im Management gibt. München/Zürich: Piper Verlag, 2004.

Bischof, Anita: Selbstmanagement. Planegg: STS-Verlag, 1997.

Branden, Nathaniel: Die sechs Säulen des Selbstwertgefühls: erfolgreich und zufrieden durch ein starkes Selbst. Hamburg: Ernst Kabel Verlag, 1995.

Corrigan, Paul: Shakespeare on Management: Leadership Lessons for Today's Management. London: Kogan Page Limited, 1999.

Covey, Stephan R.: Die effektive Führungspersönlichkeit. Frankfurt: Campus, 1992.

Czwalina, Johannes: Der Markt hat keine Seele. Frankfurt: FAZ-Verlag, 2001.

Drucker, Peter F.: Die Zukunft managen. Düsseldorf: Econ, 1992.

Drucker, Peter F., Paschek, Peter (Hrsg.): Kardinaltugenden effektiver Führung. Frankfurt: Redline Wirtschaft, 2004.

Elverfeldt, von, Felicitas: Selbststeuerung über Werte, in: Coaching Tools. Bonn: ManagerSeminare-Verlag, 2004.

Elverfeldt, von, Felicitas: Coaching im Top-Management. Das Karrieremagazin für Führungskräfte, Heft 05/03.

Elverfeldt, von, Felicitas: Wie lerne ich mehr zu delegieren, FAZ, 31.7.2004.

Elverfeldt, von, Felicitas: Läßt sich Geduld lernen?, FAZ, 23.4.2005.

Frankl, Viktor E.: Die Sinnfrage in der Psychotherapie. München: Piper-Verlag, 1997.

Fritz, Hannelore: Besser leben mit work-life-balance. Frankfurt: Eichborn, 2003.

Goleman, Daniel: Emotionale Intelligenz. München/Wien: Carl Hanser Verlag, 1996.

Greene, Robert: Power: Die 48 Gesetze der Macht. München: dtv, 2003.

Höhler, Gertrud: Wölfin unter Wölfen. München: Econ, 2000.

Hof-Glatz, Maria: Wie küsse ich einen Haifisch, wenn er bellt? Zürich: Orell Füssli, 2002.

Kalckreuth, von, Elftraud: Angst als Freund: Alltäglichen Ängsten mit Vertrauen begegnen. Mainz: Grünewald-Verlag, 2004.

Kast, Verena: Trotz allem Ich: Gefühle des Selbstwerts und die Erfahrung von Identität. Freiburg: Herder-Verlag, 2003.

Kirchner, Baldur: Benedikt für Manager: Die geistigen Grundlagen des Führens. Wiesbaden: Gabler, 1994.

Klutmann, Beate: Führung: Theorie und Praxis. Hamburg: Windmühle Verlag, 2004.

Kotter, John P.: Die neuen Spielregeln für die Karrieren: Erfolg in der Zeit nach den Großkonzernen. Wien: Ueberreuter, 1995.

Lencioni, Patrick: Der Putzmann und der Manager. Econ, 2002.

Malik, Fredmund: Führen, Leisten, Leben: Wirksames Management für eine Neue Zeit. Stuttgart/München: Deutsche Verlags-Anstalt, 2000.

Marshall, Susan: Die Kunst, Profil zu zeigen: 10 Strategien für mehr Selbstvertrauen, Risikobereitschaft, Geradlinigkeit und Offenheit im Berufsleben. Frankfurt/Wien: Redline Wirtschaft bei Ueberreuter, 2003.

McNair, Frank: Schick keine Enten in die Adlerschule. München: Redline Wirtschaft, 2002.

Nitzsche, Isabel: Spielregeln im Job: wie Frauen sie durchschauen und für sich nutzen. München: Kösel-Verlag, 2003.

Rubin, Harriet: Machiavelli für Frauen: Strategie und Taktik im Kampf der Geschlechter. Frankfurt: Wolfgang Krüger Verlag, 1998.

Seiwert, Lothar J.: Wenn du es eilig hast, gehe langsam. Frankfurt: Campus, 2000.

Senge, Peter M.: Die fünfte Disziplin: Kunst und Praxis der lernenden Organisation. Stuttgart: Klett-Cotta, 2001.

Senger, von, Harro: 36 Strategeme für Manager. Wien: Hanser Verlag, 2004.

Simon, Fritz B.: Gemeinsam sind wir blöd!?: Die Intelligenz von Unternehmen, Managern und Märkten. Heidelberg: Carl Auer-Verlag, 2004.

Sprenger, Reinhard K.: Das Prinzip Selbstverantwortung: Frankfurt/New York: Campus, 1995.

Sprenger, Reinhard K.: Vertrauen führt: Worauf es im Unternehmen wirklich ankommt. Frankfurt: Campus, 2002.

Stedtnitz, Ulrike: Sprengen Sie den Rahmen. Zürich: Orell Füssli, 2003.

Thomann, Christoph: Klärungshilfe: Konflikte im Beruf. Hamburg: Rowohlt, 1998.

Villiger, Rudolf: Führen: Zurück zum Wesentlichen. Zürich: Orell Füssli, 2002.

Wildenmann, Bernd: Professionell Führen: Empowerment für Manager, die mit weniger Mitarbeitern mehr leisten müssen. Neuwied/Kriftel/Berlin: Luchterhand-Verlag, 1994.